guide

导读
弗洛伊德
（原书第2版）

Sigmund Freud 2e

帕梅拉·瑟齐韦尔（Pamela Thurschwell） 著

李新雨 译

重庆大学出版社

目　录

我们今天
为什么需要导读书？

这批来自"劳特利奇批判思想家"（Routledge Critical Thinkers）系列的小书，构成了"思想家和思想导读"丛书的基石。早在丛书策划之初，我们就在豆瓣那个"藏龙卧虎"之地结识了一群志同道合的朋友。我们之间的对话从一个提问开始——"我们今天为什么需要导读书？"

> 我们今天对西学的译介，依然有一些是盲目跟进式的译介，而缺乏系统、深入的相关性研究。[1]

面对有识之士发出的这句尖锐批评，我们试图借助这一发问所引发的一系列思考，探寻专业性导读对于中国学界，特别是初入门者，意味着什么。呈现在我们面前的这套译作，是加入这次"探寻之旅"的朋友们，用他们的精彩译笔所作的回应。然而，在文本之外，一些智慧之果还散落在他们的言说之中，需要显现。

---

1 王晓路.序论:词语背后的思想轨迹[M]//王晓路,等.文化批评关键词研究.北京:北京大学出版社,2007:5.

豆瓣 id：フ

"地图书"（将导读书视为探索思想的地图。）这个说法很不错，和弗雷德里克·詹姆逊（Fredric Jameson）的认知地图（cognitive mapping）有异曲同工之妙。

如果让我来定位入门书的意义的话，我会借用詹姆逊提出的另一个概念，即消逝的中介（vanishing mediator）。在一个辩证扬弃的过程中，一个"消逝的中介"发挥这样的作用：它施力于前一个状态从而引导出后一个状态，这个过程完成的同时它即消逝。

如果把入门书比作一个"消逝的中介"的话，它不怕当初的读者回过头来觉得它有种种缺陷和不足，因为这恰恰是它所想要达成的。如果一套入门书能发挥这样一个作用，我觉得它的编撰者就应该没有遗憾了。

豆瓣 id：剧旁

（李三达，湖南大学文学院讲师）

目前，很多中国学生读书进入了误区，就是认为读原典才是正道，解读的书一概不读，生怕这些人家咀嚼过的内容会影响他们对原典的认知。这真是再荒谬不过了，而我导师一再强调要规避这种误区，不要总摆出一副不世奇才的心态，别人苦心经营的研究成果只能是明灯，与原典相辅相成，待到你学力足够方知深浅和漏洞，彼时再别出心裁不迟。我深以为然。

豆瓣 id：坏卡超

二手文献或导读性文献确实很有必要。并且也应该重视英语世界的二手文献。尽管英语世界不是欧陆哲学的发源地，但英语作者一般都会比较注重用清晰易懂的语言来解释深邃的道理。

豆瓣 id：**近视眼女郎**

（**路程，复旦大学中文系博士研究生，《导读阿多诺》译者**）

我个人以为，无论从学术还是知识普及的角度来说，系统引进导读类的书都是多多益善的。当我想了解某位思想家，首先会做的，也是去寻找一些靠谱的导读书来看。

豆瓣 id：**年方十八发如雪**

国内许多入门级、导论级著作，往往都是引了过多的原文，而非对文本本身的解读。换言之，本来是要作者来解释文本，结果成了作者从原著中摘了几句话，让读者自行领会。或者直接就是由作者的一些论文拼凑出来。这样的后果自然是让初学者一头雾水，完全起不到导论的功能。

相比而言，Critical Thinkers 这套书的一个优点就是由作者带领读者读文本，其次就是每本书后面的文献相对来说都比较齐全，有助于进一步的研究，最后是该系列的很多思想家都是国内很少涉及的，比如阿甘本等，引进来也有开拓作用。总之，老少咸宜。

豆瓣 id：**Igitur**

（**于长恺，爱好阅读法国当代哲学书籍**）

毕竟从原著开始着手，需要忍受其本身的拧巴语言风格，西式的语法结构，不同的文化背景、语境。能够有可靠、系统的介绍文本为后续的阅读指引道路，可以节省许多绕弯路的时间，减少初学者的挫折感，增强学习兴趣。

豆瓣 id：**H.弗**

（**卢毅，复旦大学哲学学院**）

这些著作就成了维特根斯坦所说的"梯子"，特别是初学者在很大程度上需要借助它们来对某位思想家基本的思想观点先有个大致的把握和了解，这样，一方面可以帮助人们铺平一些道路、消除一些畏难心理，另一方面可以作为一个引子更好地激发起人们的学习兴趣而不只是无助感与挫败感。

豆瓣 id：Gawiel

（马景超，美国维拉诺瓦大学［Villanova University］哲学系博士在读，《导读波伏瓦》译者）

我以前在国内读书的时候，也经常感到这样的不便，尽管黑格尔、康德和海德格尔等寥寥几位有一些不错的入手读物，但是大部分人还是缺乏类似的读物来引荐。我也非常希望能够通过"地图书"来改变大家的读法，否则，对于很多学科和很多学者都只是停留在泛泛了解一点的程度上，很难进行有建设性的学术研究。比如，人人都知道福柯谈"权力"，然而什么是权力，则需要深入阅读福柯的几本作品，并且能够将不同作品里面的理念联系起来，才能有所了解，否则只是在用我们日常语言中的"权力"去套用福柯的牙慧。如果没有导读性质的作品，读者（尤其是本来就没有精读压力的人）就很容易停留在套用牙慧这个地方，而对于真正有意思的书望而却步。

还有像巴特勒（Butler）这样的作家，作品中有一些话看上去很有力（"性别是一种操演"），但是理解前后文就需要知识背景（"主体由操演建构"）了。那么，如果没有导读类的书，一般读者很容易就理解为：一个人可以自由决定自己扮演男性还是女性，而这恰恰是巴特勒（作为反人文主义［anti-humanism］传统的继承）最不可能持有的观点，她想说的恰恰是自我的形成过程中，性别作为一种操演已经参与了这一形成，因此没有性别之外、语言之外的"无性别"、"前性别"的主体。

这些都是我常见到的误解,我觉得也许导读类书的引介可以改变这种"好读书不求甚解"的现状,尤其是对于并非哲学专业,但是需要运用到哲学理论的人,导读类的书更可以起到介绍理论背景和避免断章取义的作用。

豆瓣 id:迷迭香

(李素军,中国社会科学院文学所博士研究生)

作为一个理论专业的学生,我深知直接读原著的个中艰辛。理论难读的原因之一是翻译,抛却误译等人为因素,西方思想转换到中文语境里所带来的语言的晦涩也是一个很大的问题;其二,每个思想家都有自己的理论语境,他在继承什么,反对什么都不是短时间内可以看明白的,换言之,我们得摸清楚他的理论轨迹。

豆瓣 id:霍拉旭的复仇

(汪海,中国人民大学文学院讲师)

从学生过来的我,也经历过一个阶段,听到很多老师强调直接阅读原典,生怕受二手资料的影响。但实际上,若没有一个导读的阶段做宏观把握,直接读原典的结果就是不知所云,看了就忘。

我个人从来不相信"白板说",以为学生在不读二手书之前是纯洁的、不受污染的、具有反思力的"白板"。没有大量的阅读,根本培养不出反思力,导读是必需的,最好是有多重不同看法和角度的导读。

极其要不得的是对原典的态度——面对"名著"没有一颗平常心:或者极其功利地想要推翻它,从而证明自己的高明;或者直接拜倒,因为它是"典",是权威。好的读书方法就是培养好的民主政治素质，要学会听不同的意见，"名著"之所以是名著，不是因为它是"典"，是权威（虽然它有权威性），而在于它是一个伟大的空间，容得下太多的探讨、太多的声音，不断激发更多的思考、更多的创造，所以才有那么多人前赴后继地走进来。

导读不妨把它看作是一个邀请、一个好客的举动，带我们进入原著的空间，而不是助教，不是训导，不是"原著"这个白胡子老头打算教训弟子之前的开场白或者清清嗓子。

导读也是前人外出探险之后留下来的攻略，不可能事事准确、面面俱到，它邀请你历险，最后写出自己的攻略。

前面说过，我不相信白板——没有单纯的读者。没有导读的读者，他会用从前未经反思的有限阅读经验当导读。如果他自以为此前完全没有受过二手思想的影响，他反而缺乏对自我的反省和批判。

序

承蒙新雨兄的抬爱，托我来为其译作写序。我不知道读者们的情况，但坦率地讲，对我来说，一本书的序通常是要被无视的。如何使自己写的序至少表现出想象的诱惑力从而勾住读者谜一样的欲望，就如同本书"弗洛伊德之后"所介绍的"怪怖"现象那样令人焦虑不堪。焦虑之余，忽想起五年前的若干个夜晚，与新雨兄把酒谈论分析的情景，思绪顿时如起开啤酒瓶盖时涌出的泡沫倾泻而来。

于我而言，"为什么是弗洛伊德？"是个非常容易获得反问的问题——为什么不是这个极具颠覆性的他？何不把它当作出发点来拉开序幕呢？继达尔文提出"人是由猴子进化而来"之后，弗洛伊德用"无意识"这个曾被视为剥夺了人类思考权的概念狠狠地往人类自尊的伤口上补了一刀。其次，性病因论问世后，通过幼儿性欲理论，这位人类思想的大厨无疑又往这个更大的伤口上撒了一把盐。人类小伙伴们惊呆了："天啊，他竟连孩子也不放过？"最后，通过大量记录并解析自己的梦而完成自我分析的他，终于找到了索福克勒斯的《俄狄浦斯王》里蕴含的关于人类命运的悲剧性真理——俄狄浦斯情结。"什么？我会有弑父娶母的欲望？"他们再次凌乱道。若世间真的只有两种事物是人类不愿直视的——真理与阳光，那么试问，在他之前，有哪位意识到此种真相的思想家敢于突破检查机制的压抑，向他者吐露？甚至还呼唤他者踏上共享它的荆棘之路？当然，有人认为俄狄浦斯情结只是他的个人神话，并且他还一厢情愿地要将这当成一种普遍性的真理，并强加给我们。或者，考虑到当下的炒作之风，有人会说：100多年前弗洛伊德就用语不惊人死不休的炒作来博得个人名声了。可是请问，"弑父娶母"是那件容易披在身上并踏上红毯的东北棉被裙吗？颠覆还在继续。这个为癌症折磨多年而仍丢不掉雪茄的病人，这个因第一次世界大战和纳粹统治而丧失多位亲人的老人，这个多年面对分析者的负性治疗反应和强迫重复的分析家，不得不在《超越快乐原则》中提出"死亡冲动"这个概念——生命体复归无生命状态的倾向。对，自此之后，生命不是"no Zuo，no Die"，而是"know Zuo，know Die"。那么是否正如表面上看起来的那样，"死亡冲动"就是生命有机体复归无生命状态呢？答案显然是否定的，不然他又何必引用他的小外孙扔缠线板的游戏呢？难道在扔出和收回的交替中迸出的"fort"和"da"，不正传递着人类的象征死亡吗？可以这么说：不同于那句名言——"人固有一死，或重于泰山，或轻于鸿毛"，死亡冲动涉及的是"有一死，故人"，恰似海德格尔在"物"（Das Ding）中所传递的——唯有降生"世间"而终有一死者，才可通过"世间"化为一"物"。

本书的第二部分，是此书的主体部分，有选择并大体按年代顺序精要性地介绍了弗洛伊德的核心概念和主要思想。

首先，早年弗洛伊德通过催眠术来治疗癔症，也正是在这个阶段中，他开始构想精神结构的第一地形学理论（无意识、前意识、意识),提出压抑机制和阻抗等概念,并强调性欲的病理作用。然而临床中遇到的诸多问题迫使他放弃对病人发号施令的催眠术,改用自由联想法,让病人自由言说,从而最终发明精神分析法。随着《释梦》的发表,他开始系统性地提出一套以分析梦、口误(《日常生活的精神病理学》)、症状、诙谐(《诙谐及其与无意识间的关系》)等无意识形成物为基础的精神分析理论。在临床方面,他逐渐注意到转移与阻抗等现象,并发表了以《治疗的开始》、《对于精神分析的阻抗》、《转移的动力学》、《有关"转移—爱"之评论》等为代表的技术性论文。在理论方面,发表了以《无意识》、《压抑》等为代表的元心理学论文,深入阐述精神分析中的基础概念。

其次,性欲理论一直被弗洛伊德视为精神分析中不可动摇的基石,这也构成了他与荣格的主要分歧。他发现了俄狄浦斯情结,并强调阉割情结对男孩和女孩的不同影响。比如,对于男孩,如何通过进入阉割情结而实现俄狄浦斯情结的消退——阉割焦虑;对于女孩,如何通过结束阉割情结(阴茎的剥夺)而进入俄狄浦斯情结——阴茎嫉羡。我们可以在《有限与无限的分析》中看到,阉割情结如何成为弗洛伊德式的分析中的一道无法迈过的槛。同时,不可忽视地,在《性欲三论》中,除提出幼儿性欲论之外,他还指出人类性欲中所存在的多形倒错,并提出了部分"冲动"的雏形。可以说正如《冲动及其变迁》中所论述的那样,从一开始,弗洛伊德就将生物本能与处于人类文明影响下的冲动相区别。

再次,译作中以精辟的语言概括了弗洛伊德的几个著名个案:狼人、鼠人、杜拉和年轻的女同性恋。由此,可以解答如下的谜题:比如,在鼠人中,通过"他在镜子前露出阴茎并打开房门以便让父亲的亡灵看到"的古怪行为,我们该如何理解强迫症与父亲之间的关系呢?在他的各种怪诞行为中又如何理解《图腾与禁忌》里死去的父亲相较于活着的时候实现了权利与法则功能之翻倍呢？在狼人那里，目睹父母性爱的原初场景，如何产生那个著名的焦虑性的梦呢？再者，一个花季般的少女——杜拉，缘何与父亲、K夫人、K先生构成了一种对于维持癔症欲望而言必不可少的四角恋呢？那个年轻的女同性恋，为何因父亲投向她与其女伴的愤怒目光而像刚出生的婴儿那样坠落铁道旁呢？

最后，译作中"弗洛伊德的心灵地图"一章概括了弗洛伊德的第二地形学理论（自我、超我、它我）。相对于侧重动力学与经济学视角的第一拓扑学理论，以《自我与它我》为代表的第二地形学理论则是一种结构性的论述。为何他会提出这样两种既密切联系又难以完全对应的心理地形学理论？为何在快乐原则和现实原则之外又写出《超越快乐原则》呢？自恋的机制是怎样的呢？敬请期待此书为您揭秘。

在本书的最后两部分，作者一方面概括了"弗洛伊德之后"精神分析学的发展、学派演变和主要代表人物，对于读者了解精神分析的历史与寻找自己的研究方向具有重要意义；另一方面他也善意地为读者准备了一顿文献盛宴，等待有缘人去尽情品尝。

不知不觉，已至序末，仅以《文明及其不满》里的那句话来与他者共勉：

若真有幸福，勿寄希望于宏观或微观世界！

潘　恒

2015年6月13日，于巴黎

丛书编者前言 [1]

本丛书提供对影响文学研究和人文学科的主要批判思想家的介绍。当在研究中遇到一个新的名字或概念时，本丛书中的某本可以成为你阅读的首选著作。

丛书收录的每一本著作都将通过解释一位重要思想家的核心观念，把这些观念置入语境并且——也许，最重要的是——向你展示为什么这位思想家被认为是重要的，来帮助你进入她或他的原始文本。这是一套不需要专门知识的简明、清晰的导读系列。尽管聚焦于特定的人物，本丛书也强调，没有一位批判思想家是在真空中存在的。相反，这样的思想家是从更广泛的智识的、文化的和社会的历史中出现的。最后，这些著作将在你和思想家之间搭建一座桥梁：不是取代原文，而是补充她或他的作品。

编写和出版这些著作是非常必要的。在 1997 年出版的自传《无题》(*Not Entitled*) 中，文学批评家弗兰克·克默德 (Frank Kermode) 描写了发生在 20 世纪 60 年代的这样一段时间：

在美丽的夏日草地上，年轻人整夜地躺在一起，从白天的劳顿中恢复过来，聆听着巴厘音乐家的巡回演出。在毛毯和睡袋下，他们懒洋洋地谈论着当时的大师们……他们重复的大多是传闻；因此我在午休时，非常即兴地提议，做一套简短、廉价的丛书，提供对这些人物的权威而易懂的导读。

对"权威而易懂的导读"的需要依然存在。但本丛书反映的却是一个不同于20世纪60年代的世界。随着新的研究的发展，新的思想家出现了，而其他思想家的声誉则盛衰不一。新的方法论和挑战性的观念在艺术和人文学科中传播开来。文学研究不再——倘若它从前如此的话——仅仅是对诗歌、小说和戏剧的研究与评价。它也是对在一切文学文本和对这些文本的阐释中出现的观念、问题和疑难的研究。别的艺术和人文学科也发生了类似的变化。

新的问题也随之出现。在人文学科的这些剧变背后的观念和问题，经常被不以更广泛的语境为参照地呈现出来，或被呈现为你可以简单地"加"在你阅读的文本上的理论。当然，有选择地挑出某些观念，或使用手头现成的东西并没有什么错，而且确实有一些思想家认为事实上我们能做的就是这些。然而，有时人们会忘记，每一个新观念都是出自于某个人的思想的底样及其发展，而研究他们的观念的范围和语境是重要的。与"浮于空中的"理论相反，本丛书贯之始终的是把这些重要思想家和他们的观念放回它们原本的语境中去。

不仅如此，本丛书收录的著作还反映了回归思想家自己的文本和观念的需要。一切对某个观念的阐释，甚至是看起来最为单纯的阐释，也会或隐或现地给出它自己的"有倾向性的陈述（spin）"。只阅读论述某位思想家的著作，而不读该位思想家的文本,就是不给你自己做决定的机会。有时,使一位重要人物的作品难以进入的,与其说是它的风格或内容,不如说是(读者)不知道从哪里开始的那种感觉。本丛书的目的,就是通过为这些思想家的观念和著作提供一个容易理解的概述,通过引导你从每位思想家自己的文本开始进行进一步的阅读,来给你一个"入口"。用哲学家路德维希·维特根斯坦(1889—1951)的比喻来说,这些书是梯子,是在你爬到下一层楼后要扔掉的东西。因此,它们不仅帮助你进入新的观念,也会通过把你领回理论家自己的文本,并鼓励你发展你自己的有依据的意见,来给你力量。

最后,这些书之所以是必要的,是因为,就像智识的需要已经发生变化那样,全世界的教育系统——通常导读就是在这个语境中被阅读的——也发生了根本的变化。适合20世纪60年代的精英型高等教育系统的东西,不再适合21世纪更大、更广、更多样的高科技教育系统了。这些变化不仅要求新的、与时俱进的导读,也要求新的介绍方法。本丛书的介绍方式,就是着眼于今天的学生而发展出来的。

丛书收录的每本书都有类似的结构。它们一开始的部分,都提供对每位思想家的生平和观念的概述,并解释为什么她或他重要。每本书的核心部分,都讨论了该思想家的核心观念,这些观念的语境、演化和接受(情况)。每本书也都以对该思想家之影响的审视——概述他们的观念如何被其他思想家接纳和阐发——作结。此外,每本书的书末,都附有一个建议和描述进阶阅读书目的部分。这不是一个"附加的"内容,而是全书不可或缺的组成。在这个部分的第一部分,你会发现对书中所涉及思想家的核心著作的简述;此后,是关于最有用的批评著作的信息,有时候也有一些相关网站。这个部分将引导你的阅读,使你能够跟随你的兴趣并发展出你自己的计划。丛书中的注释是按所谓的哈佛系统(在文本中给出作者的姓名和参引著作的出版日期,你可以在书后的参考文献中查到完整的信息)给出的。这种注释方式在极小的空间中提供了大量的信息。丛书也会对技术性术语加以解释,并用方框插入对一些事件或观念的更加细节性的描述。有时,方框也用于强调一些该思想家惯用或新创的术语的定义。这样,方框在某种程度上也起到了术语表的作用,在快速浏览全书时很容易找到它们。

丛书收入的思想家是"批判的",出于三个原因。首先,我们按照涉及批评的主题来考察他们:主要是文学研究或者说英语和文化研究,但也涉及其他依靠对书本、观念、理论和未受质疑的假设进行批判的学科。其次,他们是"批判的",因为研究他们的作品将为你提供一个"工具箱",这个"工具箱"将服务于你自己的有理据的批判的阅读和思考,而这一阅读和思考,将使你成为"批判的"。再次,这些思想家之所以是批判的,因为他们至关重要:他们与观念和问题打交道,这些东西能够颠覆我们对世界、对文本、对那些想当然地接受的一切的常规理解,给我们对我们已经知道的东西一种更加深刻的理解,给我们新的观念。

没有导读能告诉你一切。然而,通过提供一条进入批判思考的道路,本丛书希望让你开始参与这样一种生产性的、建设性的、可能改变你一生的活动。

致　谢

感谢费伯书局(Faber & Faber Ltd)授权我援引那些出自 W.H. 奥登《缅怀西格蒙德·弗洛伊德》(In Memory of Sigmund Freud)的诗句。我还要感谢所有那些在本书写作期间曾给予我支持的人们,感谢所有那些曾经告诉我他们在昨夜真的做了怪梦的人们,特别是吉姆·恩德斯比(Jim Endersby)。

为什么是弗洛伊德？

　　西格蒙德·弗洛伊德在我们如何思想，乃至我们如何思想自己的思想方式上，皆产生了巨大的影响。20世纪曾一度被誉为弗洛伊德的世纪，而不论21世纪会选择相信何种有关人类心灵的著作，在某种程度上，它都将承蒙于弗洛伊德的恩泽（当然，此种债务可能既涉及对弗洛伊德思想的反对，又在同等程度上涉及对其思想的赞同）。弗洛伊德的理论，亦即精神分析，曾为我们开启了一些新的方式，来理解诸如爱情、憎恨、童年、家庭关系、文化、宗教、性欲、幻想以及冲突的情绪等，正是这些构成了我们的日常生活。如今，我们全都生活在弗洛伊德那些勇于创新却又备受争议的概念的阴影之下。就弗洛伊德著作的波及范围及其后续影响而言，他的作品皆体现出一种思想的核心，这些思想远远超出了单个思想家的信念之所及。相反，对于我们的文化，他的著述则起着有如神话一般的作用；而当这些著作合在一起时，它们便呈现出一种世界观,以便我们来看待这个始终在剧烈变化着的世界。对此,诗人奥登[1]的说法或许再好不过,他曾就弗洛伊德写道:"倘若他错误频频,间或荒诞不经/之于我们,他便不再是其人/而是整个思潮/我们都在这一思潮之下展开着各自不同的人生"(引自 In Memory of Sigmund Freud, Auden 1976:275)。

　　然而,精神分析,这一古怪的"思潮"到底是什么呢?一位身处世纪之交的维也纳医生——如今,在我们看来,他可能是错误频频间或荒诞不经的——何以会变得如此重要,以至于影响到在 20 世纪作为思想性存在(thinking being)与情感性存在(feeling being)的我们对于自身的看法?如果说精神分析确实是"错误频频间或荒诞不经"的,那么我们究竟为何还要阅读它呢?本书的研究不但对弗洛伊德的生平、他的重要概念以及他的关键文本提供了一份简明的介绍,而且更旨在针对这些更加宽泛的问题给出某种回答。通过把精神分析置入其理论的语境及其历史的背景下来考察,我们将得以更好地理解为什么——当我们环顾我们的四周时——精神分析的思想会如此地无孔不入,它们不仅流行于大学书店和心理诊所,而且还渗透于报刊、电影、现代艺术展览、言情小说、自助书籍以及电视脱口秀,等等——简而言之,但凡在我们发觉我们的文化反映出我们自身形象的地方,皆有精神分析思想的存在。现代文学批评受到精神分析的影响尤甚,本书将以两种方式来凸显此一事实:其一,考察弗洛伊德对于文学作品的阅读,以及日后的批评家们对于弗洛伊德的应用;其二,运用文学批评的技术来介绍弗洛伊德自身的著作。

1　威斯坦·休·奥登(Wystan Hugh Auden, 1907—1973),英裔美国诗人、文学评论家,英国 1930 年代左翼青年作家领袖,以其作品体裁和技法的多变而著称,其早期创作多涉猎社会与政治问题,后期则转向宗教,代表作有《雄辩家》、《西班牙》、《战地行》、《染匠的手》以及《焦虑的时代》等。——译者注

当我们开始阅读弗洛伊德的时候，把三个关键概念牢记在心是不无助益的，即："性欲"（sexuality）、"记忆"（memory）以及"解释"（interpretation）。通过思考这三个常用词汇所具有的那些时而冲突且复杂的意义，我们便可以在很大程度上涵盖精神分析的根基。精神分析不但提供了一套有关个体心灵历史的理论——关于个体的早期发展、其挫折及其欲望（包括那些性的欲望，亦或是弗洛伊德称之为"力比多"的欲望）的理论——而且它还提出了一套特别的治疗技术，用以回忆、解释并接纳这一个人的历史。性欲、记忆和解释——精神分析表明了这三个迥然相异的术语何以会是相互关联的。

弗洛伊德的名字是难分难解地同"性"联系在一起的。他有关心灵的那些理论，不仅注重性欲在幼年儿童身上的早期发展，同时也强调那些成人的心理疾病乃形成于个体的性欲望与社会的要求（亦即：社会要求人们不应沉溺于这些难以驾驭的冲动）之间的冲突。弗洛伊德最闻名于世的（有人可能会说是"臭名昭著"的），或许就是他在性欲之重要性方面的那些思想。同性欲一样，记忆也是弗洛伊德思想的一个直接关切点；精神分析呼吁个体去回忆那些将其人格塑造起来的童年事件和童年幻想。然而，强调另一术语解释 [1] 又是为什么呢？

为了回答这一问题，我想要探究有关弗洛伊德的一个广为流传的形象，亦即他作为性痴迷者的形象。关于精神分析，人们普遍存在着一种流行（但错误）的假定，亦即认为它主张一切事情最终

1　"解释"（interpretation）是借由分析性的探索而阐明主体言语或行为之隐义的过程。解释会揭示出各种防御性冲突的模式，而其最终的目的则是旨在辨认出由所有无意识的产物所表达出的欲望。在精神分析的治疗背景下，为了使主体触及这一无意识的隐义，根据分析运行的方向和演进的方式所定下的规则而传递给主体的信息便可以称作是精神分析式的"解释"。另外，我之所以没有把"解释"翻译作"诠释"，是因为"诠释"更容易滑动到分析家的"权势"，而"解释"则更多关联于分析家对于无意识的"揭示"。——译者注

3 都会指涉到性的欲望;纵然你确定自己是在思考别的事情,一位弗洛伊德主义者也会坚称你其实在想着的是性。一位病人躺在躺椅上,告诉分析家他昨晚梦到了一列火车在钻山洞。啊哈!分析家捋着他长长的白胡子惊呼道,火车是阳具的象征,而山洞则是阴道的象征:你是在幻想着跟你的母亲做爱。

我们可以想象这一幕发生在一部取笑精神分析的电影里。然而,即便是在这个可能会被弗洛伊德称之为"野蛮分析"[1]的戏谑的例子中,我们也可以看出解释之于精神分析而言的核心重要性。分析家会根据病人梦中元素的象征意义来看待这些梦中的元素;他"阅读"(read)并"解释"(interpret)这些元素(或者,就此而言,我们也可以说是把他的解释强加在这些元素之上)。精神分析首先是一种阅读理论(theory of reading);它表明了任何陈述总是有着更深层的意义,远甚于它乍看之下的表面意义。对于分析家而言,一列火车从来都不只是一列火车。倘若我们借用一些隐喻来说——这些隐喻之于弗洛伊德的术语学而言是如此的核心——精神分析的一个关键性目标,即在于搜寻那些潜藏在我们日常生活语言的表面内容"之后"(behind)和"之下"(below)的无意识内容。弗洛伊德早期的很多重要著作,读起来就像是一些关于解释的入门读物,例如他的《释梦》(1900)、《日常生活的精神病理学》(1901)以及《诙谐及其与无意识的关系》(1905)便涉及如何去解释那些穿透个体心灵并介乎人际之间的各种沟通和误解的深层意义:胡思乱想、梦境、诙谐、口误、遗忘的时刻,等等。

1　根据弗洛伊德,"野蛮分析"(wild analysis)在广义上通常是指精神分析的业余爱好者或没有经验的"分析家"基于往往为他们所误解的精神分析观念来解释症状、梦、话语以及行为等的程序;而在更狭义的技术性层面上,弗洛伊德则以该术语指称分析家不顾分析者的阻抗和转移而直接把他自己所假设的被压抑内容揭示给分析者,从而造成个案的当前动力学遭受误解的特定分析情境。——译者注

知道如何去阅读一个梦、白日梦或口误——亦或是解开它的象征意义并理解它的多重涵义——这个过程与阅读一篇小说或诗歌并无二致。当我们加以批判性地阅读文学作品时，我们便会发现许多不同的层面和意义——其中有些可能是相互矛盾的。在阅读弗洛伊德的著作时，我们必须始终甘愿让自己沉浸在这样的矛盾之中。在其晚期著作中，弗洛伊德修正并改写了他的早期理论。他在精神分析领域的著述，从 1880 年代一直跨越到 1930 年代末他的逝世；通常，他都会反驳自己早期的某种观点，或者是找到证据以指出自己原先的错误。因其著述的时间跨度及其理论与临床的思想广度，在阅读弗洛伊德的时候，便总是会存在一些截然不同且往往冲突的各有侧重的立场。本书把这些冲突统统看作是精神分析思想的一种优势而非缺陷，并通过着眼于此种矛盾的生产性来修通弗洛伊德的作品。严格地阅读弗洛伊德，即意味着审慎地阅读他。哪怕是在你觉得自己知道他要说什么的时候，他也还是会令你惊讶不已。

精神分析探索的领域，即是个体**精神**（psyche）的领域。

精神

　　"精神"一词源自于古希腊神话，原本指涉的是"灵魂"之意。弗洛伊德的德文 die Seele 可转译为"灵魂"，然而弗洛伊德著作的标准英译本（亦即著名的二十四卷《标准版》）却淡化了"灵魂"一词的宗教语境，以便使"精神"成为相对于身体或躯体（一种躯体疾病即是由躯体因素而非心理因素所引起的疾病）来界定的心灵器官 [1]。

1　"心灵器官"（mental apparatus）亦称"精神装置"（psychic apparatus），弗洛伊德以该术语来强调被其理论归于精神的某些特征，即：精神传递并转化特定能量的能力，以及精神在不同系统或机构中的细分。——译者注

弗洛伊德叫我们去解读的精神之匙,亦即蕴藏着那些冲突的能量和伪装的欲望的仓库之匙,即个体的**无意识**(unconscious)。对弗洛伊德而言,任何思维,在它化作意识之前,都是无意识的:"精神分析把凡是心理的事物皆看作首先是无意识的存在;进一步的'意识'特性也可能呈现,亦或是可能缺位"(Freud 1925a:214)。

无意识

> 在弗洛伊德这里,无意识可以通过几种不同的方式来定义。在一则定义中,它是本能欲望与本能需要的储藏库。那些童年的愿望和记忆即便从意识中被抹去,它们也仍会继续存在于无意识生活之中。从某种意义上说,无意识如同一个硕大的心灵垃圾桶——里面的垃圾从来都不会被倾倒出去:"在心理生活中,事物一经形成便不会消亡——一切皆会以某种方式被保存下来……而在某些适当的情况下……它便会重见天日"(Freud 1930:256)。在弗洛伊德的另一则定义中,无意识则在动力学上被理解为一个同意识进行持续冲突的系统;心灵的无意识材料经由压抑而被保持在意识之外(见"**压抑**":第21页[1])。

---

5   稍后待我们在第5章中讨论弗洛伊德的心理地形学(心灵地图)时,我们还会回来重新凝练对于这一核心精神分析概念的定义,然而在此,这则无意识的定义却足以充当最初的说明。

在我们能够把握弗洛伊德的思想之前,除了界定精神分析的一些关键概念之外,我们也有必要去理解他的理论是如何对应于其周围的思想潮流和政治风气而形成并改变的。在这篇绪论的余

---

1   此为原书页码,读者可参照本书的页边码查找,后同。——译者注

下部分里，我将提供弗洛伊德的生平和文化境遇的简史；而在下一章的简短篇幅里，我也会对那些致使他最初发展出精神分析理论与实践的早期思想给出一则大致的年代学说明。

生平与背景

那么，究竟是怎样的历史环境和个人境遇，帮助塑造了西格蒙德·弗洛伊德其人，以及跟他的名字密不可分的精神分析理论与临床实践呢？1856 年 5 月 6 日，弗洛伊德出生在弗莱堡（Freiberg）市的摩拉维亚（Moravian）镇。其父名叫雅各布·弗洛伊德，是一位犹太羊毛商人，其母名叫艾玛丽，是雅各布的第三任妻子。弗洛伊德四岁时，他们一家迁居至维也纳，而在余下的 79 年里，他都继续在那里生活并工作，直至 1938 年因纳粹迫害的威胁而被迫离开。同年，他举家移民英国，1939 年 9 月 23 日，弗洛伊德于伦敦逝世，享年 83 岁。

从表面上看，在弗洛伊德颇具戏剧性地举家逃离维也纳之前，他的生活并未经历过什么重大的变故。如果说弗洛伊德以其有关性欲和无意识欲望的新的思想掀起了一场革命的话，那么，他打的仗就都是概念性的战役，而非行动性的战役。公允地讲，弗洛伊德抓住了他当时生长于其中的那种知识和文化的氛围，并以此创造出了某种新的事物，然而，他也同样是在此种氛围的界限之内工作的。

19 世纪末的维也纳是一座充满矛盾的城市。尽管这座城市在经常出入咖啡馆的知识分子圈里是复杂先进的自由思想之殿堂，也是艺术、音乐乃至文学之家园，然而在世纪之交，维也纳也是一座充满着深层经济问题的城市。近来有历史学家指出，犹太人在维也纳当时的中产阶级中呈压倒之势。尽管犹太人在数量上仅仅构成了维也纳人口的十分之一,但在 1890 年,城市中超过半数以上的医生和律师却都是犹太人(Forrester 1997:189)。犹太人在文化上所拥有的此种优势地位,也招致了一些强烈的抵制。于是,反犹主义的浪潮便在维也纳盛行起来。在弗洛伊德的《自传研究》中,他曾写道自己在求学生涯中所遭遇的反犹主义的影响:"然而,在大学时代的这些最初印象,却产生了某种在事后被证明是重要的影响,因为我年纪轻轻即已熟知置身在反对派中的命运……因而,这便在一定程度上为我日后的独立判断力奠定了基础"(Freud 1925a:191)。此种置身在反对派中的感觉,在弗洛伊德的余生一直如影随形。实际上,打从一开始,精神分析的思想便遭遇到了一些激烈的反对者,不过让自己置身在反对派当中,倒也是弗洛伊德有意为之的一种立场:他享受作为孤独的思想家,也享受在毫无外界支持的情况下锻造自己的革命性思想。事实上,弗洛伊德的著作并非是全然孤立的,因而了解他曾受到过哪些影响,便能够帮助我们理解精神分析是从怎样的科学基础、历史背景与文化土壤中发端出来的。

早在孩提时代,弗洛伊德即已显示出智识上的早慧,他学会了多门语言,包括希腊语、英语、法语以及希伯来语。8 岁时,他便开始阅读莎士比亚的作品。1873 年至 1881 年间,弗洛伊德在维也纳大学攻读医学,尽管他最初的兴趣是在动物学而非人类科学的领域。他在其《自传研究》中声称:"无论在那时,还是日后在我的职业生涯中,我都没有对医生这项职业感到有任何特殊的偏爱。然而,反倒是因为某种更多是指向人类关切而非是指向自然对象的好奇心,令我改变了想法"(Freud 1925a:190)。1876 年至 1882 年间,弗洛伊德跟从当时极富盛名的生理学教授恩斯特·布吕克[1]学习,在布吕克领导下的生理学研究所(Brücke's Physiological Institute)从事研究工作。布吕克是机械论的拥护者,他信奉的原则是物理化学的原因能够解释所有的生命过程,而无需参照于宗教性或是其他生机论的原因。意识本身可以透过各种生物学的过程来解释。继达尔文在 19 世纪中叶发现进化论(即:人类也像其他物种那样,一直在进化和演变)之后,19 世纪的科学与哲学思想便信奉这样一种观念,认为一切生命皆可以通过科学的实验方法而获得解释。同布吕克一样,弗洛伊德一开始也是机械论者,相信心理疾病皆有生理原因,但他很快便开始相信心理学在精神生活中有着一种截然不同的角色,一种脱离了严格生物学原因的角色。然而,弗洛伊德却从未放弃他在因果原则上的决定论信念。他的理论表明,他查看过的每一例癔症症状、每一例梦境、每一例口误,我们每一天所说所想的一切,皆是有某种原因的存在。尽管我们并非总是有可能揭示出此种原因,但是它确实存在着。

7

　　研究是弗洛伊德早年在其医学生涯中的首要兴趣。虽然弗洛伊德此前对于行医并无任何特殊的欲望,但在 1882 年他同玛莎·伯奈斯(1861—1951)订婚,却令他感受到经济上的压力,以及身为一个行将结婚的男人计划建立家庭而肩负着的责任。行医相比于研究有着更丰厚的报酬,于是,弗洛伊德便最终从研究鳗鱼的脊髓转向了研究人类的中枢神经系统。他从而开始了自己的医疗实践,专攻神经性疾病,并于 1885 年在维也纳大学谋得了一个神经病

1　恩斯特·布吕克(Ernst Brücke, 1819—1892),德国著名医学生理学家,柏林生理学协会的发起人之一,创立了布吕克生理研究所,其机械论的生理学思想影响了当时整整一代的心理学人走向实验室研究,弗洛伊德是其最有名的学生。——译者注

理学讲师的职位。很快,他便开始治疗中层和中上层阶级的女患者,正是这些病人的癔症性疾病致使他发展出了精神分析的理论(关于弗洛伊德的早期理论,以及癔症和这些早期病人的更进一步资料,见:第 1 章)。

弗洛伊德最初是在《癔症研究》中展开他自己有关神经性疾病的激进思想的,本书是他与其同事约瑟夫·布洛伊尔[1]合著的一部案例集。弗洛伊德在 1890 年代期间修订并改进了他的精神分析理论,并在 1900 年发表了自己最早的主要精神分析著作《释梦》。虽然此书起初无人问津,但是弗洛伊德的思想还是最终收获了一批追随者,尽管他们也同时遭遇到了阻抗和偶尔的激愤。弗洛伊德将自己的一生都奉献给了扩展并改进他的理论,终其一生都在致力于把精神分析确立为一种体制。他最早的几本书均主要涉及有关解释的问题——《释梦》涉及梦的象征意义,《诙谐及其与无意识的关系》涉及诙谐的意义,而《日常生活的精神病理学》则涉及口误、过失、遗忘的字词等的意义。弗洛伊德的这些创新思想和解释方法会在第 2 章中讨论。但是,弗洛伊德也同样确信,性欲和早期的童年发展之于神经性疾病以及我们每个人是困扰亦或无忧地长大成人而言的重要性。他的《性欲三论》在 1905 年发表,从而给精神分析对于性欲发展的重视设定了日程,这部分内容会在第 3 章详细探讨。

大家可能会错误地以为,当时唯有弗洛伊德一人的兴趣在于把性看作人类行为的一个核心方面来加以研究。在 19 世纪末,性行为、性别同一性与性关系等,皆是作为某种研究对象而出现的,

---

1　约瑟夫·布洛伊尔(Joseph Breuer, 1842—1925),奥地利医生,神经生理学家,精神分析早期历史上的重要人物,他对其癔症患者安娜·欧的"谈话治疗"为弗洛伊德开创精神分析的理论与实践奠定了基础。——译者注

它们最终构成了我们现在将其称作"性学"（sexology）的一门学科。大约在跟弗洛伊德的同一时间，像理查德·冯·克拉夫特-埃宾[1]、哈维洛克·霭理士[2]与马格努斯·赫希菲尔德[3]这样的一批研究者，也开始对性欲的领域进行细致观察和分门别类。像弗洛伊德一样，这批性学家们也都假设了理解性的动机和性的欲望对于理解个人生活乃至理解整个社会而言的重要性。这些性学家的思想汲取自很多不同的学科，包括人类学、历史学与生物学等。由于鼓励人们去讲述他们自己的性经历，它们也同样有助于发展一种思考医学案例的全新方式——"个案研究"。

弗洛伊德同样也是从他跟病人的工作中汲取其理论著述的素材的。他的那些个案研究——均是引人眼球的匿名，诸如"狼人"、"鼠人"和"小汉斯"等——往往看起来更像心理惊悚小说，而非枯燥的医学报告。这些个案研究有助于开创一种全新的医学叙事类型，此种叙事不但关注病人讲述其自身症状的故事，而且还关注病人讲述这个故事的方式。几例主要的个案研究会在第 4 章讨论。

从 1910 年代中期开始，弗洛伊德便试图把他的心灵理论系统

1　理查德·冯·克拉夫特-埃宾（Richard von Krafft-Ebing, 1840—1902），奥地利著名精神病学家，性学研究的鼻祖，早期性心理病理学家，其代表作《性心理变态》曾对弗洛伊德产生过深远的影响。——译者注

2　哈维洛克·霭理士（Havelook Ellis, 1859—1939），英国著名思想家、文学批评家、性心理学家，也是现代西方性学的奠基人之一，其代表作《性心理学》曾在民国时期由我国学者潘光旦先生翻译引入，并在当时受到周作人先生的大肆推崇。——译者注

3　马格努斯·赫希菲尔德（Magnus Hirschfeld, 1868—1935），德国犹太裔著名性学家，同性恋解放运动的先驱，曾在 1897 年于柏林创立史上第一个同性恋维权组织"科学人道主义委员会"，迫使德国在法律上废除了反同性恋法和对男同性恋的监禁，另在 1919 年于柏林创建"性学研究室"，人称"性学爱因斯坦"，代表作有《异装癖》、《男人和女人的同性恋》以及《男男女女——一位性学家的环球旅行游记》等。——译者注

阐述成一套逻辑连贯的设想或计划——他假设了"自我"(ego)、"它我"(id)与"超我"(super-ego)三种范畴,以帮助说明他在心灵的不同功能之间看到的分裂(关于自我、它我和超我的定义,见:第45页及第80页)。第5章将探讨弗洛伊德在其整个事业生涯中所绘制的不同心灵地图。

直至1939年弗洛伊德逝世以前,他都不断地在艺术、文学、战争、恐惧、精神分析的方法论,乃至文化、社会与宗教的起源等主题上进行写作。第6章概述了弗洛伊德有关文明与社会的结构的主要思想。此外,他还撰写过一些文章来讨论特定的艺术作品和艺术家(见:《米开朗基罗的摩西》和《列奥纳多·达·芬奇与他童年的记忆》)以及特定的性倒错病理(见:《恋物癖》)。促成弗洛伊德思想的影响是多方面的。尽管他的理论意在解释所有的人类心理,然而他却是对应于自己生活于其中的历史时期来阐述这些理论的。例如,在第一次世界大战以及他最心爱的女儿索菲亡故所造成的毁灭性影响之后,他写作了《超越快乐原则》(1920),在其中,他探讨了可能存在着一种普遍的朝向死亡的冲动。弗洛伊德收藏了很多古董,痴迷于考古学,而这些都为他的文章提供了素材,譬如《詹森小说〈格拉迪瓦〉中的妄想与梦境》,这部短篇小说讲述了一位考古学家勘探庞贝古城遗迹的故事,而弗洛伊德则就此提供了一篇精神分析式的解读。在弗洛伊德的著述生涯中,他掌握了精神分析的基本原则,并将这些原则应用到文化、文学、艺术以及社会等方面。那么,这些基本原则究竟是什么呢?我们可以通过审视弗洛伊德的早期理论得以发展的方式来追溯这些基本原则。在下一章,我会回到弗洛伊德在1890年代同癔症的最初相遇,对应于那些病人就她们的疾病所讲述的故事来回溯精神分析得以演化形成的方式。

精神分析：一种自传性理论？

在结束本章绪论之前，我想再更多地谈一谈弗洛伊德自己同其理论之间的自传性关系，以及他同当时成为第一代精神分析家的那些男人和女人们之间的私人关系。随着弗洛伊德在 19 世纪的最后十年与 20 世纪的最初十年修改了他自己关于心理疾病的原因及治疗的思想，人们对其理论的兴趣开始与日俱增，而追随者们亦络绎不绝地纷纷踏上精神分析这一新兴的临床实践与理论探索之路。弗洛伊德始终关心的是精神分析作为一门学科的地位；他想让精神分析具备一种科学的权威性，而就心灵是如何在跟记忆和性欲的动力学关系中运作而言，弗洛伊德也把自己的诸多概念看作是在这一问题上反映了某种基本的真相。

弗洛伊德的私人关系是同精神分析地位的发展息息相关的。在忠于弗洛伊德概念的特定性上，他的同僚中有一项严格的法规，尽管是一项不成文的潜规则——弗洛伊德总是具有最终的权威性来决断什么是精神分析，以及什么不是精神分析。第一代分析家们大多均接受过弗洛伊德本人的分析，而他们也都跟弗洛伊德有着亲近的、令人羡慕的关系；更有甚者，他们还在智识上和情感上把弗洛伊德看作一个父亲般的人物。精神分析通常被人描述为受制于一个特殊心灵（亦即弗洛伊德）的心理学：你们将会看到，贯穿于本书的始末，我都把"弗洛伊德式"（Freudian）与"精神分析式"（psychoanalytic）作为同义的形容词来使用。精神分析的理论有赖于弗洛伊德对其个人自传的挖掘，亦即他在《释梦》中所践行的那种自我分析。弗洛伊德首先是分析他自己，尔后是分析同他共事的医生及朋友，这些人继而再分析其他的人，如此便产生了分析家的宗谱。弗洛伊德即是这棵百年大树的根脉——作为精神分析的原父，他是所有其他的分析家从中不断涌现的源泉。

我们可以看到，弗洛伊德自己理论中的某些反复出现的主题，　**10**

也同样在透过他跟自己朋友和同僚间的纠葛关系而上演,尤其是(这一点我们将在第3章探讨)他有关俄狄浦斯式欲望的理论,亦即:(男)孩子想要杀掉父亲并取代他的位置。在1920年的《超越快乐原则》一文中,弗洛伊德曾讨论到一些人会在他们的所有关系中重复相同的模式:

> 因而,我们会碰到这样的一些人,他们所有的人际关系皆有着同样的结局:譬如说一位恩主,他的每位门徒——无论他们彼此之间在其他方面有着怎样的不同——都会在一段时间过后愤然弃他而去,于是他似乎注定了要去品尝所有背信弃义的苦涩;再譬如一个男人,他的友谊全都以自己朋友的背叛而告终;亦或是一个男人,在他的有生之年里不断地把某人抬升至伟大的私人或公众权威的地位,然后每隔一段时间,他又会亲自颠覆这个权威,再取而代之以新的权威。
>
> (Freud 1920b:292)

在这段话里,弗洛伊德似乎就是在描述他自己所重复的模式。他在智识上最为亲近且最受影响的那些友谊,从他跟约瑟夫·布洛伊尔和威廉·弗利斯[1]的事业合作开始,经由在他看来是荣格[2]对

1　威廉·弗利斯(Wilhelm Fliess, 1858—1928),德国犹太裔医生,柏林耳鼻喉科专家,其主要贡献是提出了两性生命周期(男性23天,女性28天)以及内在双性特质的理论。在布洛伊尔的引荐下,弗利斯同弗洛伊德相识,两人自1887年开始通信,私交甚密,弗洛伊德把弗利斯当作父亲一般来看待,从某种意义上说,弗利斯在弗洛伊德的自我分析中即充当着一个类似于"分析家"的功能,直到1904年,两人关系破裂,原因是弗利斯相信弗洛伊德把自己当时正在发展的周期性理论的细节透露给了一位剽窃者。——译者注

2　卡尔·古斯塔夫·荣格(C. G. Jung, 1875—1961),瑞士著名心理学家,早期精神分析运动中苏黎世学派的扛鼎人物,也曾是弗洛伊德最器重的弟子,但因同弗洛伊德在学术思想上的分歧而最终导致跟弗洛伊德关系的决裂,尔后荣格开始灵性的自我探索,创立分析心理学派,其著作被整理收录于21卷本的《荣格文集》。——译者注

他(乃至对于精神分析)的背叛而继续,对他而言全都是以极其强烈的失望而告终的。他跟布洛伊尔和弗利斯的友谊,全都是结合了智识上和私下里的失望而导致破裂的,弗洛伊德因跟他们关系的决裂而伤怀,尤其是就他同弗利斯的关系而言。弗洛伊德与他的同僚们似乎都将其自身的理论付诸了行动——弗洛伊德颁布了精神分析的法则,而那些叛逆的儿子们则僭越他的法则;他们提出了自己跟他针锋相对的思想,而他则把他们清理出了门户。

自其开端,脱离弗洛伊德式的正统便向来都是精神分析运动中的一个面向,而时至今日,有关弗洛伊德的各种争论也仍旧在生机蓬勃地延续。精神分析是一种关乎强烈情绪的理论。在弗洛伊德所描述的心理生活的世界之中,我们爱着或恨着,不是渴望着被包裹进子宫般的舒适,便是感受着杀气腾腾的暴怒,而鲜少发觉到一时的兴趣或是较轻的激怒。恰当地说,似乎精神分析也一直在它的拥护者与诋毁者中间激起这些强烈的情绪反应。精神分析理论所倚仗的此种情绪的两极,也一直渗透在现今有关弗洛伊德思想是否中肯与重要的那些激烈争论之中。尽管精神分析的那些发现——诸如无意识生活的重要意义,被压抑欲望的再度浮现,以及性欲之于我们作为人类的发展而言的核心性,等等——从未遭到淘汰,但是近来针对精神分析作为治疗心理疾病的一种有效疗法,却一直存在着一种强烈的反对意见,而且针对弗洛伊德的历史遗产,也一直存在着一种持续的批判。一方面,百忧解和其他抗抑郁药物已然开启了一种新的观念,即:抑郁和其他心理紊乱均可通过药物而得到最有效的治疗。另一方面,精神分析的批评家们也已然指出了弗洛伊德的某些原创的方法和结论是不可靠的。

这两方面的批评——关于药物治疗以化学方式来解释并治愈心理疾病而开启的新的可能性,以及关于围绕着弗洛伊德的某些

11

早期个案的不确定性——皆包含有一些真相的要素,但是,两者也皆属于针对弗洛伊德的更广泛的文化性反冲(关于一些特别带有恶意的反弗洛伊德论者,见:杰弗里·马森[1]和弗雷德里克·克鲁斯[2]在"进阶阅读书目"的条目)。在本书的最后一章,我将重新返回这一有关弗洛伊德如今是否中肯的问题上来,并指出如果我们放弃不断地阅读弗洛伊德——无论我们发觉自己的阅读是赞同他亦或反对他——那将会是一件可怕的错误。弗洛伊德的诋毁者们的诸多结论,皆是立基于他们自身的很多不可靠的假设。但是,纵使这些批评是百分之百正确的,弗洛伊德的那些概念也会继续关联着我们对于自身的文化、历史和文学,乃至对于人类的心理和情绪生活的全面理解。针对精神分析的此种反应,便反映出了弗洛伊德的观念在我们对自身的见解,以及我们跟他人的关系,乃至我们作为个体同我们的社会世界之间的关系中所占据的核心地位。

　　正如我们将要看到的那样,精神分析是一种使个人性和理论性纠葛在一起难分难解的学说。它提供了一种方法来审视那些隐匿的动机,这些动机甚至驱使了那些看似最具客观性的事业,诸如科学的事业。精神分析作为一种世界观,一如在它之前的马克思主义同达尔文主义那样,把一种怀疑论的目光投向了那些先于它的故事。它质疑那些信手拈来的故事,同时让我们去重新思考我

1　杰弗里·马森(Jeffrey Masson,1941 年生),美国作家,曾任弗洛伊德档案馆馆长,尔后转向抨击和批判弗洛伊德的精神分析理论,因其在弗洛伊德诱惑理论上的独特见解而著称,代表作有《袭击真相:弗洛伊德对于诱惑理论的镇压》,另外他还主持翻译有《弗洛伊德与弗利斯的通信全集》。——译者注

2　弗雷德里克·克鲁斯(Frederick Crews,1933 年生),美国文学批判家,早年是精神分析式文学批判的支持者,尔后却转向抨击精神分析,批判弗洛伊德思想的科学性基础与伦理学根据,是 20 世纪八九十年代美国"弗洛伊德战争"中的主力悍将。代表论著有《可终止的分析》与《未知的弗洛伊德》等。——译者注

们是否真的相信某些事情。因此,倘若我们继续探索精神分析思想的那些基本构成部分,那么,适当的做法便是把此种精神分析式的怀疑论反诸于弗洛伊德,同时去思考是怎样的动机驱使他建构了他自己的理论。

关键思想

早期理论

　　弗洛伊德最早的那批病人,皆是出身自维也纳中上层阶级中患有神经性疾病的女性(当然也不乏一些男性患者)。当时盛行于欧陆和北美的这些难以诊断的疾病,通常都在一方面被联系于女性的性别,同时在另一方面被联系于现代都市生活的压力。正如一位英国评论家曾就神经症水平的显著上升所评论的那样:"神经症问题的骚动首先发端于女性";到 1890 年代,"我们每天都能看到那些神经症患者、神经衰弱患者和癔症患者,等等……每一座大城市都充斥着许多神经科医生,以及他们接待病人的诊室"(Showalter 1985:121)。在 19 世纪,神经症自始至终都是一种不明确的诊断范畴,而给一种疾病贴上神经症的标签,通常则仅仅意味着此种疾病并没有一个直接的器质性原因。

　　1885 年,弗洛伊德曾到巴黎的萨尔贝蒂耶疯人院跟随当时极富盛名的神经病学家让-马丁·沙柯[1]学习。在 19 世纪,萨尔贝蒂

1　让-马丁·沙柯(Jean-Martin Charcot, 1825—1893),法国著名神经病学家,现代神经病学奠基人,在临床上尝试以催眠术的方法对癔症患者实施治疗,其最著名的两位弟子便是弗洛伊德同法国精神病学家皮埃尔·让内(Pierre Janet, 1859—1947),主要论著有《论神经系统疾病讲义》等。——译者注

耶医院是为当时患有心理疾病的女性病患——大多数是癔症患者——所开设的一家疗养院。有趣的是,在 17 世纪末,当萨尔贝蒂耶医院最初被创建的时候,它是一所被用来专门囚禁妓女、"堕落"少女和通奸淫妇的监狱。正如我们在考察弗洛伊德有关**癔症**(hysteria)病因的思想所带来的变革时将要看到的那样,这种难以驾驭且不受管制的性欲以及监禁或惩罚此种性欲的需要,便把 17 世纪的女囚犯同 19 世纪的癔症女病患联系了起来。

16

癔症的问题

弗洛伊德提出的那些精神分析的开创性概念,诸如无意识(见:第 4 页)和压抑(见:第 21 页)这样的概念,皆同他治疗自己第一批癔症女病人的经验有着紧密的联系。可是,究竟什么是癔症呢?

> **癔症**
>
> 癔症的症状多样:它们可囊括失忆、麻痹、无法解释的疼痛、神经性抽搐、失语、四肢感觉的丧失、梦游、幻觉以及惊厥,等等。尽管数个世纪以来,癔症的诊断一直随着时代的变迁而改变,但是截止到 19 世纪末/20 世纪初以前,人们有关癔症的某些信念却仍旧是根深蒂固的。在词源学上,"癔症"一词源自古希腊语中的"子宫"(hysteron)。癔症原本是以子宫游移的疾病而著称,古时人们相信唯独女人才会罹患癔症。有关癔症性疾病的提及,最早可追溯至公元前 1900 年左右的一部古埃及医书的抄本。从古埃及开始,女性的身体构造便被看作是癔症的一项重要因素:癔症性(即"歇斯底里")行为的一个原因被认为是女性游移的子宫偏离了其原先静止的位置而在女人的身体内游走。弗洛伊德的著作则有助于使癔症的定义脱离它对女性身体构造的依附,有助于把癔症重新定义为一种心理性疾患。

19 世纪末的大多数医学从业者,都曾赞同有关癔症病因的两种相互冲突的观点中的一种。有些医生相信,所有癔症患者其实都只是在寻求关注的诈病者。另一些更具同情心的医学评论者则假设癔症确实存在,但它只是唯独女人才会罹患的一种疾病。尽管癔症现已不再被看作是因不大可能的子宫游走所致,但是它仍旧被联系于女性生殖器官方面的紊乱。

让-马丁·沙柯鉴于他在萨尔贝蒂耶医院的工作而抛弃了上述两种有关癔症的信念:他通过自己的催眠实验表明,癔症患者们并 **17** 非是在诈病(亦即:捏造她们的疾病);癔症也并非是同女性的生理有着特别的关联,因为某些男人同样会表现出癔症的诸多症状。然而,在癔症问题上,沙柯却最终赞同了那些严格在躯体层面上的解释。他所主张的信念存在已久,即:只有当存在着大脑机能的遗传性衰退时,癔症才会获得发展。弗洛伊德发觉这些有关癔症的解释都是不尽如人意的,从而他提出癔症性疾病可能具有一些心理性的起因,源自于童年早期的性困扰。因此,相比于神经症疾病的早期理论家,弗洛伊德进行了一项重大的改革:他从生物性的解释转向了叙事性的解释,从患病的身体转向了患病的记忆。

在1880年代至1890年代,当弗洛伊德开始行医的时候,癔症性疾病曾被看作是由体质虚弱——患病、酗酒或感染梅毒的父母,坏血——所引发的遗传性衰退疾病。精神分析在思考心理疾病上所作出的一项关键性变革,便是使之从生理学模型转向了心理学模型。弗洛伊德提出,人们可能会因其过去的历史而患病——因为在应激环境下发生的某一创伤性事件太过痛苦以至于无法回忆,从而可能会有策略地遗忘。弗洛伊德及其同事约瑟夫·布洛伊尔编著了一系列的个案研究,并在1895年将其命名为《癔症研究》发表,在此书中,他们从自己的病人身上一次又一次地挖掘出了心理疾病的这些创伤性的奠基时刻。

大致翻阅一下《癔症研究》，我们首先便会注意到，其中报告的所有个案皆是女性病例。弗洛伊德和布洛伊尔的著作，由于重视这些女人所讲述的生活故事，从而便把寻找癔症病因的焦点从生物性的资料来源转向叙事性的资料来源：正是这些女人所经历的生活，以及她们关于自己的生活所亲自讲述的或拒绝亲自讲述的故事，使她们更易受到神经性疾病的侵袭。近来有些研究 19 世纪癔症的历史学家，他们把癔症视作同当时妇女的社会境遇不可分割的一种疾病。于是，癔症便被看作是 19 世纪的中产阶级女性针对其周遭的社会期待所采取的一种被动形式的抵抗。在日益工业化的社会里，中产阶级女性由于代表着旧时的秩序和安宁而被人们当作纯洁的化身加以敬仰——她们是守护在家庭壁炉前的天使。19 世纪的女性即是要求的牺牲品——尽管这些要求同其自身看似并不一致——她被期待是温文尔雅和顺从天真的，但同时又被指望是精通家务管理的主妇——是让男人们得以依靠的支柱。癔症即标志着一种无意识的抗议，以反抗对女人的这些冲突的期待，以反抗女人被剥夺了事业和受教育的机会。例如，在《癔症研究》一书中，约瑟夫·布洛伊尔便把他的病人安娜·欧[1]描述为一位天资聪颖的女性，具有敏捷的概念领悟力和敏锐的直觉洞察力。他指出她的生活的可能性受到了限制，同时认为她具有巨大的潜能："她拥有强大的知性，从而使她能够消化那种难啃的书籍——尽管在她离开学校之后无需接受任何知识，但她仍旧需要此种精神食粮……这个女孩无法抑制住自己在智识上的活力，这导致她

18

1　安娜·欧(Anna O)原名贝尔塔·帕彭海姆(Bertha Pappenheim, 1859—1936)，她同布洛伊尔的"宣泄法"治疗被看作是精神分析的开端，尔后在奥地利成为一位著名的犹太裔女性主义先驱，乃至她那个时代的第一位社会工作者，创立"犹太妇女联盟"(Jüdischer Frauenbund)以专门收留妓女和收养孤儿。——译者注

在其清教徒思想的家庭中过着极其单调的生活"(Freud and Breuer 1895:73-74)。

癔症女人因为那些19世纪女性被期待的任务而感到挫败,她发觉自己并不符合那种照料病人且擅长家务的母性人物形象。正如卡罗尔·史密斯-罗森伯格[1]之于癔症女人的描述,她开始明白拥有自己的方式会是怎样的感觉:

> 她不再把自己献身于他人的需要,去充当一位自我牺牲的妻子、母亲或女儿;通过她的癔症,她能够——事实上也确实会——迫使他人去承担那些职责。家务活被重新调整去回应癔症女人的那些纠缠不休的需要。孩子们变得安静,房间变得昏暗,娱乐也被搁置起来。财富可能被花在医疗费或是药物和手术上。担心和关切压垮了丈夫的肩膀;他的家庭突然间变成了一家医院,而他则变成了护士。通过她的疾病,这个卧床不起的女人便渐渐支配了她的家庭,其程度在健康的女人而言是不适当的——其实像泼妇一样。
>
> (Smith-Rosenberg 1985:208)

对于19世纪的女性患者而言,癔症无疑是一把双刃剑:一方面,此种疾病给她带来了自由,同时又向她允诺了往往寻求不到的关注;但另一方面,癔症也加剧了她的依赖,把她变成了医生和药物的奴隶,让她被怀疑是在装病以逃避。

1　卡罗尔·史密斯-罗森伯格(Carroll Smith-Rosenberg),美国当代知名学者,在女性主义和文化研究领域著述颇丰,代表作有《暴力帝国:美国国民身份认同的诞生》等。此处的引文出自她在《骚乱行径:维多利亚时代美国的性别视角》一书中的"癔症女人"章节。——译者注

19   **谈话与倾听的治疗**

倘若我们在当时被推荐用于神经症疾病的诸多疗法的背景下来审视弗洛伊德同布洛伊尔旨在治疗癔症的种种尝试，那么在我们看来，他们的这些尝试就一定是人性化的。在 1890 年代，神经症曾一度被视作一种需要强制性治疗的女性问题。病人至少在一定程度上是在装病，如此的假设往往限制了对癔症的治疗。给病人泼水、掴病人耳光乃至令病人窒息等，这些都是在当时被推荐用于制止癔症性发作的治疗方法（Showalter 1985：138）。例如，在 1873 年，美国医生塞拉斯·韦尔·米切尔就曾提出把他的"静息疗法"（rest cure）用于神经衰弱的治疗，亦即一种稍显不那么强烈的癔症。米切尔的静息疗法有赖于把病人同其亲友隔离开来，限制病人的活动，不给病人以任何智识性的刺激，以及令病人有望增加约 50 磅体重的过度膨胀的饮食；而健康的恢复则取决于这样的事实，即：当此种致使心智麻木和身体虚弱的治疗最终结束的时候，病人将感到如此的快乐，以至于她会以其重新恢复的能量，再度肩负起她所疏忽的家务劳作的重担。

相比于这套被推荐的疗法，弗洛伊德同布洛伊尔以其最终成为精神分析的方法的实验，进行了一项根本性的突破。他们不但相信其病人的疾病是千真万确的，而且更会倾听其病人必须言说出来的事情。精神分析所依赖的理念，即在于治疗的材料只能来自于病人自己。弗洛伊德和布洛伊尔并未去寻找人们为何会罹患神经性疾病的生理学原因，反而去聆听他们病人的故事，反而去相信某种治疗恰恰蕴含在这些故事当中。在无意识里埋藏着能够使病人的过去和童年记忆讲得通的各种联想和联系。如同考古学家的工作那样（这是弗洛伊德最喜欢的比喻之一），精神分析家的工作，即是使发掘成为可能。

1880年代,当沙柯开始在萨尔贝蒂耶研究癔症的时候,他的一项明确目标,便是让癔症研究成为一项受人尊重的科学事业。他不但热忱地致力于细致的观察和分类,而且还会就其病人的症状进行详细的诊断。然而,查看一下萨尔贝蒂耶的档案记录(尤其是那些癔症患者摆出各种姿态的影像证据),我们便会出现一种令人不安的感觉,似乎沙柯并不是特别感兴趣于治疗那些受他照料的女人。他的兴趣更多是在于分类和研究,而非是在于治疗,而让他出名的则是其公开的医学展示,在这些展示中,萨尔贝蒂耶的病人们会在催眠状态下表演出自己疾病的各种症状——这些病人在受到催眠暗示的麻痹时,会挺胸后仰、口吐白沫,还会对针尖刺入她们身体时的疼痛表现出一种令人难以置信的耐受力。弗洛伊德和布洛伊尔尽管用到了沙柯有关癔症的这些发现,但是他们却把这些发现从医学的剧场带进了诊疗室的私密空间之中。如果说沙柯的癔症分类有赖于"观看"(looking),那么弗洛伊德和布洛伊尔的治疗尝试则把重点转向了"倾听"(listening)。

催眠及其弃绝

虽然弗洛伊德在其对癔症的分析上曾遵循过沙柯的很多指导,但是他也同样打破了沙柯的一些核心理念。起初,同沙柯一样,弗洛伊德也会运用催眠来通达其病人之疾病的那些根本原因。沙柯把催眠用作一种理解癔症性疾病的方法,但他同时也相信只有癔症患者才能够被催眠。在沙柯看来,可催眠性(hypnotisablity)即是心理疾病的一种症状。然而,沙柯的理论却遭到了在法国南锡从事催眠工作的另一批研究者的挑战。南锡学派[1]的这批研究

---

1 "南锡学派"(Nancy School)亦称"暗示学派",是同沙柯的"巴黎学派"或"癔症学派"截然对立的一个催眠学派,其主要思想是把催眠看作是由暗示所诱发的一种正常心理现象,而非看作是癔症所导致的一种精神病理性现象。——译者注

者们(其中包括伊波利特·伯恩海姆[1]以及安布鲁瓦兹·利布莱特[2])通过实施大量的催眠实验表明,大多数人至少潜在地是可催眠的。最终,南锡学派的观点打败了沙柯,而受到了人们更普遍的接受。尽管我们不可能准确地说出其可暗示性足以导致被催眠的人到底在人群中占多大比例,但是几乎所有的人都具有某种程度的可暗示性,而此种可暗示性似乎又无关智力或是潜在的心理疾病等因素。

追随沙柯和南锡学派的发现,同时遵循约瑟夫·布洛伊尔的指导,弗洛伊德开始在他对其神经症患者的治疗中运用催眠来工作。起初,他用催眠向病人暗示一些能够帮助他们克服其疾病的观念。譬如,如果病人因癔症性瘫痪而无法移动他们的手臂,弗洛伊德便会告诉处在催眠状态下的病人说他们是可以的。然而,弗洛伊德很快即发觉到,这些暗示鲜少能够对病人的心智状态带来持久性的改变。于是,弗洛伊德便再次转向了他的同事布洛伊尔治疗其病人安娜·欧的经验,从而发现了催眠还有另一种更富成效的用法。布洛伊尔发现,他能够使安娜·欧在催眠状态下回忆起某一特定癔症症状的起源。如果她能够当场——仍旧在催眠状

21

1　伊波利特·伯恩海姆(Hippolyte Bernheim, 1840—1919),法国医生兼神经病学家,南锡学派代表人物,因其关于催眠术的可暗示性理论而闻名,著有《暗示疗法:有关催眠术的本质及应用的专著》等,他把催眠术用于非神经症患者的人群,发展了"催眠术"的正式命名人詹姆斯·布雷德(James Braid, 1795—1860)有关"心理暗示效应"的思想,赋予了催眠术以更加现代的内涵。弗洛伊德曾于1888年翻译过伯恩海姆有关催眠术的著作,翌年还专程到法国南锡跟随伯恩海姆学习催眠技术,因而在弗洛伊德早期临床的催眠治疗中,多反映有伯恩海姆的思想和方法。弗洛伊德说伯恩海姆曾告诉他,病人在催眠状态下所体验到的种种经历和记忆皆有可能在正常状态下得到恢复,而此种恢复或是丧失之记忆的再现,具有重要的治疗效果。——译者注

2　安布鲁瓦兹·利布莱特(Ambroise Liébeault, 1823—1904),法国医生兼神经病学家,南锡学派的创始人,通常被认为是现代催眠疗法之父,著有《从心灵作用于身体的视角来看待睡眠及类似的状态》。——译者注

态下——重新体验到原初的经验和她当时所感受到的那些与此种经验相伴随的情绪,那么这种症状便会消失。布洛伊尔将此种治疗方法命名为**"宣泄法"**(cathartic method)。

宣泄法

> 源于希腊语中的"catharsis"[1]一词,意指经由疏泄而获得的净化。布洛伊尔最初采用了这一源自古希腊悲剧的术语来描述其心理治疗的方法,亦即:通过在催眠状态下去重新体验某一引起癔症性反应的恼人事件,从而使之从再度体验者的系统中得到疏泄。

在《癔症研究》一书中,弗洛伊德同布洛伊尔直截了当地断言道:"癔症患者皆主要遭受着回忆的折磨"(Freud and Breuer 1895:58)。从此时起,记忆而非生理便成为了议题。

从他和布洛伊尔同其病人的工作中,弗洛伊德最终提取出了两个核心要点。一个要点在于,那些不愉快或创伤性的回忆会不可避免地返回而萦绕于病人的记忆。于是,这些不愉快的记忆便会受到**压抑**(repressed)而脱离病人意识化的认知。

压抑

> 主体借以驱除某种因现实或意识的要求(见**"超我"**:第45页)而无法被满足的欲望或是将此种欲望禁闭在无意识当中的一种运作。例如,在《癔症研究》中的一例弗洛伊德的个案(伊丽莎白·冯·R女士)里,病人便拒绝向自己承认她爱上了自己

---

[1] 该词在医学上具有"导泻"和"通便"的意思,而在古希腊哲学上则指涉亚里士多德提出的"悲剧净化说",亦即悲剧使人产生怜悯和恐惧的情绪从而使内心的压抑得以释放和疏泄,以达至净化心灵的效果。——译者注

的姐夫。当她的姐姐去世时，一种令人烦恼的念头便涌进了她的内心："如今他有自由可以娶我了"。此种不受欢迎的愿望不得不立即遭受压抑——她的显意识心灵（conscious mind）因为她想到这里时所直接感受到的罪疚而无法允许此种想法进入。因为此种想法在其内心中受到了压抑，所以它便作为一种癔症性的症状（见"**症状**"：第27-28页）而返回，并在她的身体上付诸行动。

22　　然而并非任何材料都会受到无意识的压抑。在撰写《癔症研究》一书后，弗洛伊德渐渐开始认为：对于受到压抑的不愉快记忆而言，总是存在着某种性的内容，从而导致了癔症性的疾病。如果说癔症患者统统遭受着回忆的折磨，那么她们便是因一种特殊类型的回忆而患病的，亦即：有关性的回忆。或许，更准确地说，她们是因回忆得不够而患病的；她们之所以会生病，便是因为无法在意识层面上忆起并修通其过去的创伤（trauma or traumas）[1]。

诱惑理论及其弃绝

弗洛伊德发现，随着他的病人们向他谈及自己的过去，她们全部都令人惊讶地提到了一些相似的童年经历。在她们的这些故事里，她们的癔症性疾病便会不可避免地追溯到被一位年长人物性虐待的场景，通常都是父亲，但有时也会是其他权威式的人物，或

---

[1]　这里的"创伤"在原文中分别用到了单数和复数的形式，因而既可能特指单一的创伤性事件，也可能泛指多次的创伤性事件。然而，值得一提的是，对弗洛伊德而言，创伤总是具有"事后性"（Nachträglichkeit）的延迟作用（deferred action），亦即创伤在经验层面上总是"二次化"的，如弗洛伊德的爱玛个案。——译者注

者哥哥、姐姐。有趣的是,这些各种各样的受到压抑的记忆竟然为他的所有病人所共有。因此,弗洛伊德便提出了这样一种假设,即:如果患者在日后的生活中发展出癔症性的疾病,那么就一定发生过那种过早的性接触或是创伤性的性侵犯。尽管他后来又重新修改了这些思想,然而这却成为了他第一个获得充分发展的有关癔症病因和神经症起源的理论(Freud 1896),即:**诱惑理论**(seduction theory)。

> **诱惑理论**
>
> 　　在精神分析的术语学上,弗洛伊德的诱惑理论有时也以"真实事件"而著称,该理论表明:神经症患者和癔症患者的被压抑的记忆皆不可避免会揭示出曾受到一位年长人物的诱惑或骚扰,通常是父母;但更多时候是父亲。然而,发生于童年期的创伤性事件,在当时并不会被当作创伤性的来加以认识。相反,当孩子抵达青春期时却会出现某种延迟反应,亦即:日后的某一生活事件会在孩子的内心中引发一系列的回忆,此种延迟的认识便会成为一种致病性或含毒性的观念,从而导致日后生活中的各种癔症性症状。有趣的是,我们注意到弗洛伊德把该理论称作**"诱惑"**(seduction)理论,而非儿童虐待理论或是强奸理论。在"诱惑"一词中即已隐含了某种自愿屈从的可能性。

　　诱惑是一条双行道,既涉及受害者的欲望,又涉及侵犯者的欲望。后来,当弗洛伊德在该理论的意义上改变了自己的看法并假定有幼儿性欲望的存在时,是谁在诱惑的问题便成为了关键(见: Gallop 1982)。

　　弗洛伊德是在他的《癔症病因学》一文中引入了诱惑理论的:"不论我们把怎样的个案和怎样的症状当作我们的出发点,最后我

23

们都会绝对无疑地抵达性经验的领域"(Freud 1896:203)。但是，确切地说，究竟什么是性经验的领域呢？当弗洛伊德在 1896 年写下这个措辞时，他指涉的是实际的身体接触，然而在这一点上，他的思想却马上开始发生了改变。随着弗洛伊德不断地同他的病人们在一起工作，他便开始怀疑自己所揭示出的成人向孩子实施性侵犯的那种重复场景的地位。他在 1897 年 9 月 21 日写给其亲密友人兼科学同道威廉·弗利斯的一封信中写道："我不再相信自己的*神经症理论*"(Masson 1985:264)。这并非意味着他认为这些事件在向他撒谎——相反，他的意思是说，病人回忆起的这些发生在现实之中的事件，实际上可能都是发生在幻想之中的。

要理解弗洛伊德早期就癔症所发展的观念，那些被遗忘的记忆的重现便是一个关键的概念。然而，记忆本身却并非一个自明的概念。记忆总是真实的吗？难道它不会是虚假的吗？当弗洛伊德开始怀疑他的病人们所讲述的那些故事的实际真实性时，他便改变了自己的理论。他开始相信可能只是幼儿的性*欲望*(desire)构成了日后的各种神经症症状。从而，这些性诱惑的场景便改变了方向——现在是孩子在欲望父母，而非是父母在引诱孩子，并且孩子对父母的诱惑也是发生在幻想而非现实之中的。于是，弗洛伊德的**幻想**(fantasy)概念便成为了精神分析的基石之一。

幻想

当被用于精神分析的技术性术语时，该词也被拼作"phantasy"，此一概念涉及一个想象的场景，其中幻想的主体通常都是主角。它反映了愿望经由一种扭曲的方式而获致的实现，因为一些抑制性因素的存在(见"**压抑**"：第 21 页)，意识并不允许那一愿望在现实中甚或直接在心灵中获得实现。幻想会采取多种形式,以便扭曲此种愿望。这些幻想可能会出现在意识的层面上,譬如在白日梦或者意识化的欲望之中,但是它们也可能会经由那些梦境或是透过那些原初幻想[1]（见:第 6 章）而在无意识的层面上被揭示出来。

24

1896 年至 1897 年间,弗洛伊德在改变自己有关性诱惑的思想的同时,也改变了他的技术。在弗洛伊德看来,仅仅通过催眠病人以便让他们开口言说是很困难的。首先,催眠并非是一件百发百中的事情,其成功与否要视情况而定。有时候,病人不是轻易可催眠的,而在此种情况下,便会导致试图对其进行催眠的医生发觉自己很愚蠢,并感到自己丧失了对于情境的控制感。如果你们想象一下,有一位医生因试图催眠自己的病人而对病人说道:"你很快便会入睡",但是他的病人却回应道:"不,我没有",你们便会了解到这位医生可能丧失了怎样的掌控感。弗洛伊德自己就从来都不觉得他擅长于使病人进入催眠下的某种恍惚状态。然而,对病人实施催眠也同样产生了另一个问题。医生永远都不可能通过催眠而确定自己并未向其病人暗示出某些观念。因此,随着时间的推

---

1 "原初幻想"(primal fantasies)是弗洛伊德最早在 1915 年提出的概念,指的是精神分析所揭示的负责对幻想生活——无论不同的主体有着怎样的个体经历——进行组织的那些典型的幻想结构(如:子宫内的生活、目睹父母性交的原初场景、诱惑以及阉割)。根据弗洛伊德的说法,这些原初幻想之所以具有普遍性,即在于它们构成了在种系发生学上传递下来的遗产。例如,在《精神分析引论》中,弗洛伊德写道:"如今在分析中作为幻想被讲述给我们的所有那些事情……在原始时代的人类家庭中都一度真实地发生过,而借由幻想,儿童仅仅是在以史前真相来填补个人真相的空白,在我看来,这是相当有可能的"(S.E., XVI:371)。换言之,人类在史前的实际现实(factual reality)从而变成了精神现实(psychical reality)。——译者注

移,弗洛伊德便发觉自己转向了一种新的治疗方法,亦即:**自由联想**(free association)。自由联想的重要性即在于病人是在自为地言说,而非是在重复分析家的那些思想;是她修通了她自己的材料,而非是在鹦鹉学舌般地复述他人的暗示。

自由联想

　　精神分析实践的一项基本规则。病人需承诺在分析的过程中,他们会对医生说出任何被他们想到而浮现在他们脑海当中的事情。当病人与分析家拼凑起病人的联想链条时,他们便可以共同工作以解开病人的问题。

小　结

　　弗洛伊德同布洛伊尔一反精神病学的长期传统,而不再把癔症女人看作是患有遗传性的生理疾病,亦或看作是在伪装她们的疾病。他们指出,诸如癔症这样的一种疾病,可能既是心理性的又是真实存在的。他们相信对于癔症的治疗可以来自患者们本人。弗洛伊德同布洛伊尔倾听他们的病人就其自身的症状所讲述的那些故事,以便最终对其病人癔症性疾病的那些起源达到某种理解。

　　弗洛伊德发现,他的病人们就其童年所揭示出来的记忆,往往都会涉及一些早期的性经验,通常是被父亲或者父亲式的人物所侵犯。弗洛伊德最终将其称为精神分析的东西,其实是从其信念的两则主要改变中发展出来的:一则改变在于他的理论,而另一则改变在于他的实践。理论上的改变是他从相信其病人所讲述的有关早期性虐待的故事的现实性,转而去相信这些故事通常皆是幻想（它们并非**必然**是幻想，但却可能是。见：最后一章有关弗洛伊德否认诱惑理论的最近争论的讨论）。与此同时，他还作出了一项实践上的改变：他从催眠的技术转向了自由联想的技术，在前者中，分析家可以轻易地把某些观念暗示给病人，而在后者中，则是病人来做更多的工作，把他或她自己的故事讲述给一个很多时候主要在沉默的分析家。

弗洛伊德有关幻想之核心性、童年性欲之重要性以及自由联想之方法的思想一经形成，精神分析便开始诞生。正是从这些最初的思想当中，弗洛伊德最终发展出了他后来有关性欲之发展以及性欲对社会之重要性的大部分理论。在他同病人们的临床工作的过程中，弗洛伊德也在不断发展并修缮自己的分析理论和技术。重要的是要记住，即便精神分析信念的这些最初的基石，也并非是一成不变的。精神分析，正如我们将看到的那样，既关切于揭示心理疾病原因的**过程**，又在同等程度上关切于一种独特的直接的治疗。在弗洛伊德而言，精神分析即是一种有关**过程**的理论，而此种理论亦同样总是**处在过程之中**。因此，我将继续强调弗洛伊德这些早期思想和作品的发展、其矛盾及其断裂，并在另一方面强调它们的逻辑一致性。

解　释

> 当我给自己设定的任务是借由他们的所说和所示……揭
> 示出人类隐藏于其内在的事物时，我以为这项任务要比实际
> 上更加艰巨。但凡是有眼睛能看到且有耳朵能听到之人，皆
> 可能会说服自己去相信：没有哪个凡人是能够保守秘密的。
> 如若他的双唇紧闭，他也会以自己的指尖喋喋不休；背叛会从
> 他的每个毛孔之中泄露出来。因而，让心灵中最隐秘的幽深
> 之处化作意识的这项任务，是完全有可能去实现的。
>
> （Freud 1905a：114）

讲出这段话的人，很有可能就是在描述他如何去对待那个令他钦
慕不已的华生（Waston）的夏洛克·福尔摩斯[1]。这段陈述的权威

---

[1]　在英国侦探小说家阿瑟·柯南·道尔（Arthur Conan Doyle，1859—1930）的原著
中，福尔摩斯同华生是主人公及其记录者的关系，俩人私下里是相当要好的朋
友，工作上是同生死共患难的侦探和助手，也是生活中的合租室友。当然，倘若
再容许福家众粉丝各种"意淫"一番，俩人更逃不过一层"好基友"的暧昧关
系。——译者注

式语调,也活脱脱就像是一位大侦探,在信誓旦旦于他洞察深刻的认识。然而,最后提到"心灵中最隐秘的幽暗之处"的那句话却表明:在此描述的其实是心理学的侦探工作;毕竟,这段陈述的作者是西格蒙德·弗洛伊德,而非夏洛克·福尔摩斯。弗洛伊德大肆宣称自己是一位心灵侦探,在严密细致地解读其案头的文本。他就像是自己所虚构的 19 世纪末的当代福尔摩斯那样,检视着人们言论的表面内容,乃至他们的外貌和姿态,以挖掘出那些潜藏在下面的秘密。精神分析式的推理即意味着,我们最强烈的欲望皆出现于我们日复一日的生活,甚至尤其出现在我们试图隐藏它们的时刻。我们会透过口误、过失、遗忘的名字乃至梦境等日常发生的事情而泄露出自己的秘密;我们会向一位睿智的观察者透露我们真实的想法和欲望。精神分析的方法将允许我们去解释处在具有欺骗性的意识的外部表面上的那些裂缝,从而去发现潜藏在下面的那些无意识的动机。正是在此种意义上,弗洛伊德的思想,一如它们同性欲的联系那样,也同解释有着关键性的联系。

　　侦探们首先关心的是谁犯下了罪行,又或许是他如何会犯下此等罪行。夏洛克·福尔摩斯之所以会想知道一个罪犯的动机,仅仅是因为发现犯罪的"*原因*"(why)可以导致他发现到底是"*谁*"(who)犯下了罪行。另一方面,精神分析家们则首先关心的是动机——那些萦绕在我们脑海中的思想背后的"*原因*"(why),亦即那些潜藏在我们的离奇梦境或是心理紊乱之下的无意识的原因。在弗洛伊德看来,每一种心理疾病都是具有某种动机的。分析家同病人一道工作的任务,便首先是解释出此种动机。但是,我们可能会问,为什么一个人好好的却想要生病呢?这又能被用作什么样的目的呢?精神分析把疾病看作始终在为病人起着某种作用,亦即满足某种需要或欲望。通过考察弗洛伊德的一些早期作品,我们便会看到,此种在揭示动机上的强调,何以会变成精神分析的一项核心宗旨,同时我们也会学到,精神分析式的解读究竟意味着什么。

症状、梦境与口误:
《癔症研究》(1895)、《释梦》(1900)以及《日常生活的精神病理学》(1901)

在弗洛伊德同布洛伊尔编著的那部引人入胜的案例集《癔症研究》一书中,此种对于疾病动机的类似侦探般的搜寻便突显了出来。正如你们会想起的那样,19世纪的癔症患者们通常都会表现出一些严重的躯体化**症状**(symptoms)——诸如痉挛、瘫痪和失语,等等。

症状

弗洛伊德发现,癔症性的症状,即是身体对于某种难以忍受的心理情境的一种奇怪而有意义的反应。有关症状形成的一个很好的例子,可见于《癔症研究》中布洛伊尔的安娜·欧个案。在布洛伊尔对安娜·欧实施治疗期间,她发展出了一种令人费解的对水的厌恶。她发现自己无法喝下哪怕是一滴水,尽管当时正值盛夏,而她又极度干渴。最终,在催眠状态下,她向她的医生和她自己坦露了此种症状的最初原因。有一次,她误闯进了其英国女伴的房间,而令她大为恶心的是,她发现那个女人的狗正在喝光一个杯子里的水。一旦安娜·欧揭示出了这一症状的起源,同时也表达出了她在当场的恐惧(此种恐惧在最初发生的时候并未被她表达出来),她的恐水症便得到了治愈。她向布

28

> 洛伊尔要了一杯水，然后一饮而尽。正如我们从安娜·欧的经历中可以看到的那样，医生会唤起病人的记忆并让她讲述原先的事件，从而帮助病人揭示出其疾病的初始动机。最终，在过去的事件与身体的症状之间，便形成了某种联系：一个被构造出来的故事，让病人搞懂了她先前所无法理解的那些反应。在意识层面上理解一个症状，便会使这个症状消失。

在精神分析学上，症状是经由压抑而产生的（见：第21页）。当一些强烈的情绪反应从显意识心灵被压抑进无意识中的时候，这些症状便会出现。同时，它们也会被移置到身体上。移置[1]也同样是弗洛伊德有关症状和梦境的理论的核心所在。移置涉及某种情绪反应从主体生活中的某一部分（或者身体上的某一区域）转到另一部分（或者另一区域）。癔症症状的形成，即在于从来自心灵的层面转到了身体的层面上；但凡是心灵所无法接受的东西，身体都会不加理解地将其付诸行动。

如上所述，弗洛伊德和布洛伊尔发现，帮助病人去回忆并重现造成症状的痛苦体验，便可以使症状消失。医生同病人一道工作，便是使病人摆脱其**创伤性**（traumatic）的记忆。

> **创伤**
>
> 该词在古希腊语中是"创口"或"损伤"的意思，精神分析则以此来描述某种强烈而无法吸收的个人生活事件。该事件会造

1　根据弗洛伊德的理论，"移置"（displacement）是指某一表象（或观念）的重点、旨趣及强度可脱离于该表象，并经由联想链条而传递至同原先表象相联系但原本强度较弱的其他表象上。此种在梦的分析中特别显而易见的现象，亦可见于精神神经症的症状形成，乃至一般而言的所有无意识形成。——译者注

成一种精神性的剧变,乃至一些长期持续的影响。当心灵拒绝在意识层面上承认某一创伤性事件时,无意识便会对其施加压抑。然而,无意识中未经修通[1]的创伤性记忆却仍旧存在,而围绕此一事件的情感或情绪性的能量也会遭受阻挡。创伤性事件同样创造了弗洛伊德将其称作"事后性"(Nachträglichkeit)的某种奇怪的时间结构,该词通常被译作"延迟作用"(deferred action)。"事后性"的概念描述了弗洛伊德在其个案研究中频繁遇到的一种情境,在此种情境下,神经症的决定性事件只有在它发生过很久以后才能得到理解。例如,一个孩子在他或她并未真正理解性欲之前经历了一次性的骚扰,而在多年后又发生了另一个事件,尽管不一定是令人震惊或是性的事件,然而却激起了对于最初事件的某种理解或是闪回,从而才认识到这里可能发生过某种创伤性的事情。

29

《癔症研究》一书中的假设即:揭示出某一疾病背后的原因,将促成某种治疗的效果。就此种意义而言,精神分析的理论便把大量的比重放置于解释和理解症状的行为,回忆症状的第一次出现以及是什么唤起了症状上。一旦某个问题在意识层面上得到理解,而非在无意识层面上付诸行动,便会开始朝向摆脱此一问题的运动。病人的自由联想(见:第24页的定义)即向弗洛伊德给出了

---

1 在精神分析学上,"修通"(working-through)特指借由解释的加工,它是分析借以植入某种解释并克服该解释所引发的"阻抗"(resistance)的过程。修通被看作是让主体得以接受某些被压抑的元素并使自己摆脱"强迫性重复"(complusion to repeat)机制支配的一种精神性工作。在精神分析治疗中,修通是一个持续的因素,然而它却特别运作于当治疗过程显得停滞不前和尽管阻抗受到解释但却仍旧持续存在的某些时期,这些阻抗的背后皆暗藏有某种创伤性内核的存在,因为——用拉康的话说——在抵制语言象征化的正是来自实在界的这些无法言说的创伤。——译者注

他的那些解释所基于的材料。

在病人的自由联想中时不时便会出现的一个主题，即是他们的梦境。这些来自前夜的梦境，往往都会自然而然地依附于人们在其日常生活中的记忆。同神经症的症状一样，弗洛伊德发现，梦境也是可以阅读的。于是，他便把自己相对于症状而发展出的那些技术也同样用于释梦。由于强调梦境的意义，弗洛伊德把自己看作是返回了某种前现代的释梦观。在古代世界中，梦境皆被看作具有某种意义；然而，它们的意义却被当作是预示性的、预言未来的事件来看待。到 19 世纪末，流行的看法便是把梦境的预示性方面当作迷信来看待。很多科学家都把梦境看作是无意义的事情——他们认为梦是有关我们日前吃了什么和我们如何酣然入睡的一种生理性产物。然而，在弗洛伊德看来，现代世界由于假设梦境仅仅反映了消化不良或是某种其他纯粹生理学的解释，而过快地消除了一种重要的观念，亦即：梦境确实蕴含有某种意义，尽管这些意义皆指涉于某人的过去，而非是在预言此人的未来。

30   弗洛伊德曾把《释梦》(1900) 看作他最重要的著作，而且毫不谦虚地就此宣称道："一个人有幸碰到如此之洞见，一生中亦仅有一次而已"(Freud 1900:56)。"解释"作为一个关键词出现在精神分析的此一基础文本的标题之中，是绝非偶然的。《释梦》是一部难以归类的书。它似乎结合了多种写作体裁：释梦的历史的部分、(由弗洛伊德同其他人所做的) 梦的类目的部分、此种新式精神分析解读方法的工具书的部分，甚至还包括一个自传性的部分。该书后面的梦的索引即表明了这部引人入胜的著作所涵盖的关注范围。只是简单瞅一眼弗洛伊德自己梦境的几个标题，我们便可以把他的梦继续读下去："独眼的医生同男教师"、"长着黄胡子的叔叔"、"解剖我自己的骨盆"。这些梦的特性，正如弗洛伊德对其加以描绘的那样,即在于它们皆无法经由意识或常识的限制来驾驭和遏制。弗洛伊德自己的梦书,有的时候,似乎映照出此种无规则性。把夜晚的这些欲望揭示出来,是一件需灵活想象力的棘手的事情。

我们中鲜有人没有偶尔做过那种离奇的梦境。但是,弗洛伊德怎么会提议我们去解释它们呢?释梦又为何会对精神分析显得如此重要呢?根据弗洛伊德的观点,梦是如同症状一般运作的,因而也能够以一种相似的方式来解读。然而,癔症的症状却被局限于病患。因为健康人同患有心理疾病的人都会做梦,所以弗洛伊德的释梦理论便假设在神经症患者同非神经症患者之间存在着一个连续体。弗洛伊德曾指出了有关做梦状态的这一悖论:

> 你们应当谨记在心的是,我们在夜晚所产生的这些梦境,一方面同精神错乱的创造有着极大的外部相似性和内部亲缘性,另一方面则可同清醒生活中的完全健康兼容并存。
>
> (Freud 1910a:33)

精神分析借由聚焦于梦境而拓宽了它的疆界:尽管癔症性的症状可能仅仅出现在那些患有神经症或癔症的病人身上,但是梦境在每个夜晚都会发生在每个人身上。于是,精神分析的干预便不再局限于那些处在病理状态下的人们。《释梦》一书即宣告了弗洛伊德的演绎法可普遍适用于"正常"和"病态"的人群,从而有助于缩小了两者之间的差距。

症状与梦境是精神分析加以侦探式勘察的两类首要的对象:从表面的无意义之中制作出某种意义,即是精神分析的最初目标。弗洛伊德曾宣称:

31

事实上,梦的解释即是了解无意识的康庄大道;它是精神分析的最稳固的根基,是每位工作者应当从中获得坚定信念并寻求执业训练的领域。如果有人问我一个人如何能够当上一名精神分析家,我的回答便是:"通过探索你自己的梦"。

(Freud 1910a:33)

在这段陈述中包含着精神分析的一则悖论:一方面,弗洛伊德宣称探索一个人自己的梦境是成为精神分析家的最好方式——关于他自己的心理状态和对他自己的梦的解析,他的书即是真正意义上的一部自传性说明。但是,弗洛伊德随后又宣称一个人永远都不可能充分地分析自己——总是会存在着一些阻碍,总是会存在着一些拒绝显现出来的无意识的冲动和欲望,除非它们能够借由他者的帮助而浮出水面。对于修通精神分析的过程而言,自我分析 1 是既必要又不充分的。尽管弗洛伊德通过他的自我分析创立了精神分析,但是他也将自己《释梦》的写作联系于他对自己父亲去世的混乱情绪反应。

在《释梦》一书中,弗洛伊德细致地考察了很多他自己的梦,还有很多他的病人们乃至他的熟人们的梦。关于做梦状态及其与清醒生活之间的关系,他得出了一些结论。弗洛伊德指出,如果我们着眼于幼儿儿童的梦境,便会发现这些梦的意义是显而易见的。

---

1 "自我分析"(self-analysis)是指在不依靠分析家帮助的情况下,仅凭自己根据精神分析理论上的苦思冥想而对自己进行的分析。就此而论,自我分析便可以说是一种"没有人会比我更了解我自己,也没有人会比我更能帮到我自己"的强迫症性的症状式表达。但是请别忘记,即便是弗洛伊德的自我分析,也不得不依靠于一个外部他者的帮助,亦即他一直以来与其通信并视其如父亲般存在的威廉·弗利斯。——译者注

他的小女儿安娜[1]在十九个月大时生了一次病,并因此被禁食了一整天时间。"她挨了一天的饿,就在当晚,我听见她在睡梦中兴奋地喊道:'安娜·弗洛伊德——草莓——野草莓——煎蛋——布丁!'[2]"(Freud 1900:209)。显然,安娜是梦见了她被禁止的食物。弗洛伊德指出,在我们的睡眠状态下,我们会想象性地满足自己白天的那些未经实现的欲望。通常,弗洛伊德并不满足于指出有的梦是愿望的实现,而宁愿宣称所有的梦皆是经过扭曲的愿望实现。有关梦的重要性,他在《释梦》中做了如下最简洁的说明:"梦是一个(遭受禁止或压抑的)愿望的(经过扭曲的)实现"(Freud 1900:244)。如果你们有意识的、审查性的、道德化的自我并不允许你们发展出某些愿望,那么你们的这些欲望便会迂回到一种做梦的状态下来获得满足。于是,这些受到压抑的欲望便被赋予了一个在夜间上演的舞台。

32

梦以一种经过扭曲的形式而出现,这意味着什么呢?幼年安娜·弗洛伊德的愿望是并未经过扭曲的;她显然是想要食物,并在她的梦中让自己饱餐了一顿。但是,对于成年人和较年长的儿童来说,那些在梦中得到满足的愿望却往往比对零食的欲望更加惹

1　安娜·弗洛伊德(Anna Freud,1895—1982),弗洛伊德的小女儿,终其毕生献身于精神分析运动的发展,创立"安娜·弗洛伊德中心"(Anna Freud Centre),主要致力于儿童精神分析的探索领域,并以其代表作《自我与防御机制》(1936)为精神分析传播到美国后的自我心理学派的发展奠定了基础。——译者注

2　该处弗洛伊德使用的原文是"Anna Fweud, stwawbewwies, wild stwawbewwies, omblet, pudden!",而非符合正常拼写的"Anna Freud, strawberriews, wild strawberries, omlet, pudding!",以形容小安娜·弗洛伊德尚在幼儿时爱吃的口齿不清。弗洛伊德继而在后文中就此加以解释道:"那时她总是习惯于先说出自己的名字以表明自己占用了什么东西。这张菜单似乎包括了她最喜爱的一些食物。梦吃中的草莓以不同的方式出现了两次即是她反抗家庭卫生规则的证据。可以想见,她无疑没有忽略这一点,即:她的保姆把她的不适归咎于草莓吃得太多,因此她便在梦中对这个讨厌的意见表示了反对"。——译者注

人苦恼。它们通常都会涉及一些无法被我们成年人自己的意识生活所接受的思想——譬如,指向某些不恰当对象的性欲望,或是指向那些同我们最亲近的人的暴力冲动。弗洛伊德详尽阐述了他最初的理论:梦全都是愿望的实现,从而提出了两件事情:(1)梦也会表达出那些一直受到压抑的幼年期材料;以及(2)这些材料在本质上通常都是关乎性的:"我们的释梦理论把源于幼儿期的愿望皆看作梦的形成所不可或缺的动机性力量"(Freud 1900:747)。弗洛伊德发现,就像神经症的症状那样,梦也是那些受到压抑的愿望的表达——特别是性的愿望,尽管这并非是不可避免的。

弗洛伊德论及梦境的这两则主要的论点——(1)梦皆不可避免地是愿望的实现;以及(2)梦通常都会涉及童年时性方面的材料——看似全都是反直觉的。我们大概全都可以想到自己曾经做过的一些梦,它们并不遵循这些原则中的任何一项。因而,在不同的时期里,弗洛伊德便不得不去处理那些针对其理论的反对意见。例如,噩梦或者焦虑的梦实现了怎样的愿望呢? 在《释梦》一书中,弗洛伊德便试图通过发现每一个梦中的愿望来规避这些反对意见——哪怕当一位病人梦见某种明显在她而言是不愉快的事情时,弗洛伊德也会设想那位病人想要证明他的理论是错误的,故而她同样是在实现某种愿望。尔后,在他的事业生涯中,特别是在《超越快乐原则》(1920)一文中(见:第五章),弗洛伊德虽仍旧困惑于某些明显不愉快的梦境的存在,但他通常都会坚持自己最初的陈述,宣称在对一个梦进行全面的分析之后,我们总是会发现那个潜藏在它背后的愿望。

在《释梦》问世后不久,弗洛伊德很快又写作了他的《日常生活的精神病理学》(1901年出版)一书,在该书中,弗洛伊德把他的新式阅读实践进一步拓展进了世俗的日常世界。如果说梦境和症状

都可以被解读为在表达那些隐匿的欲望及愿望,那么,我们的过失
和灾祸便也可以做此解读。

> **过失行为或弗洛伊德式的口误**
> 33
>
> 我们的突然遗忘、冒出一个错误的名字,乃至那些令人尴尬
> 不堪的错误发音或者词语替换,这些时刻如今全都被冠以"弗洛
> 伊德式口误"(Freudian slips)的名称而广为人知。弗洛伊德自
> 己曾用一个听上去更科学的拉丁文派生术语来指称这样一种失
> 误,亦即:"过失行为"(parapraxis)。诸如此类的错误皆出现在
> 无意识的领域。然而,弗洛伊德却宣称:这些错误并非真的就是
> 错误,因为关于我们无意识的欲望,它们都表达出了一些重要的
> 真相。无意识从来都不会说谎,而且通常也都会找到某种方式
> 来表达它真正想要的是什么。

我们很容易找到这些过失行为的例子,弗洛伊德的书里便满
是这样的例子。弗洛伊德讲述了奥地利国会众议院主席的故事,
这位主席在众议院开始就坐时宣布了国会闭幕而非开幕——明显
是他在准备另一段假期。相比于我们在梦中发现的那些愿望,这
些隐匿在过失行为背后的愿望通常都是较少经过扭曲的。当出现
弗洛伊德式的口误时,它们往往都会惹起大家的一阵轰笑,因为人
们一听到它们便会认出它们的那种隐藏得不是很好的意义。在近
期的一届精神分析大会上,就出现了一个恰当的例子:最后的发言
人在致会议闭幕词时向听众说道"我想要拍打(spank)演讲者们"
而不是感谢(thank)他们。对于这样一群精神分析家出身的听众来
说,听到同感谢混合起来的这样一种小小的敌意,是不会令人感到
惊讶的。

根据弗洛伊德的理论,这些过失行为、梦境和症状统统都是愿

望的表达,然而,这些愿望在它们可以获得理解之前,却不得不分离成单个不同的元素。精神分析的释梦过程,以及让此种解释得以可能的那些工具,便是我们得以理解有关阅读的各种精神分析理论分支的最佳位置。现在,我将转向在精神分析中理解意义的过程这一重要的问题上来。

精神分析性解释的工具:
自由联想、梦的工作与转移

对于一个梦境作出一番全面透彻的精神分析性解释,这样的事情究竟是否存在呢?在弗洛伊德的理论中,梦的解释本身,亦即解读梦境的实际过程,也同样总是服从于更多的解释。病人向分析家讲述自己的梦境,尔后开始就梦境令其回想起的那些近期的事件,乃至话语和记忆展开自由联想。此种重述梦境并继而发现梦境唤起了怎样的联想的过程,即揭示了弗洛伊德所谓的"梦的工作"[1],借由此种过程,那些潜藏在梦境背后的思想和欲望,便可以说是被转译成了梦的表面内容(见:Wollheim 1971:69-72)。只有看出了梦所包含的两种不同内容(显内容与隐内容)之间的关系,梦的工作才能得到理解。

梦的显内容(manifest content)即是我们经验到或回忆起的东西,也就是梦境首先关乎的内容;梦的隐内容(latent content)则是其隐藏的意义,亦即:受压抑的无意识愿望或幼儿期欲望。同症状一样,梦境也会经由扭曲的形式而呈现;当我们做梦的时候,我们已然是将一种形式(即无法接受的欲望)转变成了另一种形式(即

1 　根据弗洛伊德,"梦的工作"(dream-work)即是指转换梦境的原始材料(身体刺激、日间残余和梦念)以致产生显梦的全部运作,包括四种机制,即:"凝缩"(Verdichtung)、"移置"(Verschiebung)、"可表象性的考量"(Rucksicht auf Darstellbarkeit)以及"次级加工"(sekundare Bearbeitung)。——译者注

潜在晦暗或模糊不清的意义）。为了保护我们自己免于我们自身思想的内容，我们便会把这些思想变得难以解释。根据弗洛伊德，只有通过一种精神分析性的解释过程，我们才能够从显内容中重新建构出梦的隐义。

所有的梦境皆服从于无意识的扭曲，亦即：隐内容借以转化为显内容的过程。扭曲[1]可以给梦境赋予一种无意义的或者荒诞的形式，从而不会让我们感受到未经伪装的梦的愿望所可能带来的罪疚或羞愧。凝缩也是促成了梦境的最终形式的另一种梦的过程。弗洛伊德曾注意到："相比于隐梦，显梦具有更少的内容"（Freud 1916-17：206）。换句话说，梦中的无意识材料受到了凝缩，以至于我们回忆起的每一个梦中元素都代表着不止一种思想或欲望。所有内隐的梦念都会被挤压成我们在清晨醒来时所记得的那些多元决定的象征性元素。

多元决定（overdetemination）即意味着每一个梦中元素皆包含着用以构成梦的最终形式的若干愿望和欲望。因此，梦也同样会具有多种不同可能的解释，或是可抽取的意义：

> 从事释梦的新手可能会带着极大困难地被说服说，他的任务并未完成，尽管他手上有一个完整的解释——一个讲得通的解释是具有逻辑一致性的，它可以阐明梦的内容中的每一个元素。对于同一个梦境，或许同样也可能有另一种解释，一种始终逃离他的"过度解释"（over-interpretation）。

35

> （Freud 1900：669）

梦境可以表达出多种愿望，包含有多种意义。因此，一种初始的解读便总是可能因为进一步的资料或联想而被补充以另一种解读。

1　"扭曲"（distortion）即梦的工作的整体效果：内隐的思想借以被转变成一种难以识辨的外显的形式。——译者注

如果我们考虑到以下事实，即：视觉同言词的意义都会进入梦的解释，那么多元决定的衍生物便会变得更清晰起来。在这里，举一个简单的例子可能是有帮助的。我的朋友塔利娅曾一度弄断了自己的胳膊，并梦到了她自己是拿破仑。拿破仑经常把自己的胳膊塞进他的夹克，就好像他的胳膊是被弄断了那样吊了起来；尽管如此，他也还是一位强大的领袖。我们可以把这个梦境下潜藏的愿望解释为她想要像拿破仑那样强大的欲望，即便是断了胳膊。但是当塔利娅向另一位朋友重述她的梦时，这位朋友却说道："当然——骨骼分离！"[1]。这个梦的意义于是便经由其视觉意象（拿破仑·波拿巴把他的手插进其夹克里的景象）同拿破仑的姓氏"波拿巴"在语言上的双关而浮现出来。当然，大多数的梦的解释都不会有如此的机智，然而，这个梦所表现出的语词同形象的结合却是弗洛伊德式释梦的最强贡献之一。这个简单的梦在此种结合的语境下便是多元决定的；梦的内容既可以透过视觉图像，也可以透过语言双关而加以解释。因而，（借由梦的工作）把欲望转译成无意义的梦境，以及（借由讲述梦境和自由联想）把无意义的梦境转换成一种意义，便可以被看作是两种相互镜映的过程。两者皆带着一种解释的丰富性而运作，多层的意义首先可能会伪装，继而可能会揭示。

只有透过考察病人重述梦境的方式，梦的意义才是可检索的。通过把梦境诉诸语言，并围绕着梦境展开自由联想，病人同分析家便可以一道对于梦境、梦境所导向的一连串思绪，以及梦境所指涉的一系列记忆构造出一种更好的理解。同分析家一道，病人修通了梦境所唤起的各种联想。在对一个梦的解释中，病人的联想，以

1　拿破仑的姓氏"波拿巴"（Bonaparte）同英文中的"骨骼分离"（Bone-Apart）谐音，因而这里的解释即基于能指运作下语词联想的文字游戏而产生的。——译者注

及这些联想出现的形式和顺序，同梦的实际内容本身一样重要。在弗洛伊德的解释方法中，一个最重要的方面，即在于他相信：重述梦境的过程、被回忆起的细节、原先讲述时所遗漏掉的部分，以及在讲述过程中所建构出的内容，同梦境本身是一样重要的。事实上，倘若没有后来对于梦境的讲述，其实也就不会存在梦境这样的东西，因为除非是通过事后对于梦境的讲述，否则我们便无法触及梦境。我们可以料想，一个梦境越是被加以讲述，就越有可能出现新的解释。

弗洛伊德有关梦境的理论，可以被看作是囊括着一些自相矛盾的元素。一方面，我们始终在强调释梦的开放性。一个梦的意义是在对梦进行描述的行动中得以表达并加以阐明的；在对梦的重述中会出现一些新的欲望和新的联想。另一方面，弗洛伊德也确实谈到过对于一则梦境的"全面性"解读；你们会在他的那些案例中看到，通常他都觉得自己同其病人彻底探讨了一个梦境，穷尽了所有可能的意义，并得出了某种结论。弗洛伊德同样也会运用那种看似普遍的性的象征意义（然而重要的是要记得，正如他在《释梦》中所提出的那样，对于他的释梦理论来说，此种象征意义是既非核心，也非必要的）。弗洛伊德深入人心的一个形象，便出现在通常广为人知的弗洛伊德式的象征意义当中，亦即：如果你梦见了像蛇、刀或剑这样的一个又长又尖的物体，这个象征便指涉于阴茎；而如果你梦见了像珠宝盒、洞穴或口袋这样的一个容器，这个象征便指涉于阴道。虽然弗洛伊德偶尔也会在他的解释中运用此种象征意义，但是他的释梦理论同这些粗糙的还原论用法实则并不一致。弗洛伊德的理论强调：梦境必须在每一个体讲述的复杂语境下来加以解释；它们的意义是向外螺旋式上升的，而非是如此轻易便停滞于一个简单的等式，如：刀子＝阴茎。然而，弗洛伊德的实践却并不总是同他的理论相一致。当他的病人杜拉描述自己梦到了一个属于她母亲的珠宝盒时,弗洛伊德便坚持珠宝盒具有阴道的象征意义,后来他又补充道:"盒子……就像手提包和珠宝盒那样,再度只是对于维纳斯的贝壳[1]的替代,亦即对于女性生殖器的替代"(Freud 1905a:114)。在这样的一则例子中,梦境中意义多样繁复的可能性便遭到了否认;取而代之的是单一确定的(性的)象征意义。

因而,对于精神分析来说,解释便是一种矛盾性的创造。弗洛伊德的象征意义意味着固定的意义,而弗洛伊德的解释方法则意味着阅读、重述并建构过去以符合并帮助现在的无限可能性。因为癔症症状的原因被隐藏于病人无意识的记忆,所以精神分析的任务便主要是挖掘病人的过去来提供对于当下的治疗。我们应当谨记《癔症研究》中的核心主张:"癔症患者皆主要遭受着回忆的折磨"。但是,如我们所见,这些回忆必须通过分析中的叙事而加以解释与理解。起初,弗洛伊德通过使用催眠而发现,他的病人们可以回忆起一些无法以其他方式触及的事件和想法。然而,正如我们在上一章所发现的那样,催眠却并非总是会成功。于是,弗洛伊德很快便转向了自由联想的方法(第24页),坚持让他的病人服从分析的一项基本规则,并说出浮现到他们脑海中的一切。

然而,病人却并非总是会服从这项规则。弗洛伊德发现,分析中的一些最重要的时刻,便是病人什么都无法想到的那些时候。沉默可能表示有某种令人痛苦的记忆或思想存在,它们太过接近于表面,以至于需要遭受一片空白的压抑。但是,同样存在着另一种可能性。弗洛伊德发现,当病人陷入沉默的时候,往往都是因为

---

[1]　在西方神话中,维纳斯女神的诞生,便是有如珍珠一般从海上的一个大贝壳中孕育而出的。——译者注

她们对于自己的治疗师怀有敌对或亲密的想法,以至于她们会尴尬于把自己的真实想法告诉治疗师。

实际上,有关病人幻想跟医生的关系的这些发现是由来已久的。布洛伊尔对于安娜·欧的治疗,便令他不安地结束于安娜在催眠的影响下宣称自己怀上了布洛伊尔的孩子之时。震惊和错愕之下,布洛伊尔立即放弃了治疗,再也没有恢复他想要继续《癔症研究》中那些治疗方法的欲望。尔后,布洛伊尔也断然拒绝支持弗洛伊德的如下论点:癔症性疾病的基础在于性欲的问题(当然,这是弗洛伊德版本的故事。弗洛伊德的批评家们已然质疑了它的准确性)。

弗洛伊德同样发现,催眠也会导致一些令人尴尬的时刻。比如说,有一次,他的一位女病人就在催眠状态下突然向弗洛伊德张开了双臂要拥抱他(Freud 1925a:210)。这些事件从而致使了弗洛伊德去思考病人在治疗情境下可能会对医生发展出某种情欲性依恋的方式。另一方面,此类事件也指向了癔症性疾病中不可避免的性欲的成分。但是,它还指向了一种新的理念——假使医生确实替代了病人早前爱恋或憎恨的对象会如何?假设病人在治疗中对其他的关系付诸了行动又会如何?这一理念即以**"转移"**(transference)[1]而著称,成为了弗洛伊德发展精神分析方法的关键之所在。

38

---

1 弗洛伊德的"transference"一词,在国内学术界通常都被译作"移情"。然而,正如《精神分析词汇》一书的两位作者拉普郎什和彭塔利斯所指出的:被转移的事物并不仅限于情感,诸如特定的行为模式、对象关系类型、力比多贯注、无意识的愿望与幻想、整体的意象或意象的部分特征,乃至自我、超我等人格组织都可以是被转移的内容。故而,我在此取该词的严格字面意义,将其译作"转移"而非"移情"。——译者注

转移

转移即意味着一些强烈的情绪特别是性的感觉——那些原先指向他人的激烈的爱恨情感——在分析过程中被转移到了医生身上。起初,转移似乎是对于分析而言的一大难题——对于医生的爱恋或憎恨好像不可避免地会阻碍病人实施治疗。但是,弗洛伊德很快便发现,转移也是对于精神分析而言的一项关键工具。病人们会经由同分析家的关系而把童年的情绪付诸行动,而一开始她们并不会意识到自己是在仿效那些古老的模式。尔后,她们来做分析并修通了针对分析家的这些反应。理想上,她们会学着使这些反应重新依附于原来激起那些情感的人物(通常是自己的父母)。在精神分析中,"所有病人的动机,包括那些敌意的动机,都是被唤起的;继而,它们会通过意识化而被用于分析的目的,这样一来,转移便不断地在遭受破坏。转移虽然看似注定是精神分析最大的障碍,但是如果它的存在每一次都可以被觉察到并被解释给病人的话,它便会成为精神分析最强的盟友"(Freud 1905a:159)。事实上,倘若没有转移,分析就无法在严格的意义上发生。

反转移[1]是对于弗洛伊德理论的一个相关的发展,这一概念表明了分析家也会对病人产生一些并不完全受到他们控制的无意识情感。病人也可以让分析家们回想起一些来自他们过去的人物,诸如他们的母亲或父亲,等等。转移和反转移都是关于情感替代的理论。在每一次初步情欲性依恋的背后,都伫立着先前所有情

---

[1] 在精神分析学中,"反转移"(counter-transference)特指分析者的转移对于分析家所产生的无意识的影响。当代精神分析的一些流派特别注重分析家基于自身的反转移反应而对分析者的无意识作出的解释,认为反转移是分析者投射性认同的结果,以至于反转移大有取代梦境之势,成为"通往无意识的康庄大道"。——译者注

欲性依恋的整个历史——每一次新的爱恋(或憎恨)都会上演、重写、修改并重演某人过去的爱恋(或憎恨)。我们可以再度看到解读这一幕无意识戏剧的干预的重要性。倘若病人和分析家永久地卷入转移之中,他们便会像恋人或是孩子和父母那样去行动,而非像两个为了解决问题而在一起工作的人。他们可能会活现出这些情感戏剧,而不是退而分析这些情感戏剧出自于哪里。

39

精神分析对于阅读理论最重要的贡献之一,便是发现了伴随着分析中任何行为企图的此种不可避免的情绪过剩。有时候,这似乎会是一项不可能的目标——每一次解释的行动都会牵涉到作出那一解释的人本身,从而也会将其自身的情感包袱带入方程。事实上,精神分析——尽管弗洛伊德偶尔也会企图把精神分析当作一套客观的理论和方法而强调它的科学性——质疑了任何人站在完全客观立场上的可能性。转移即意味着分析的"内容"(亦即对于那些早期性幻想的揭示),可能不像分析的"过程"(亦即对于这些关键性的情感替代的揭示、解释与修通)那样是治疗的核心之所在。

小 结

借由解释其病人的自由联想,弗洛伊德发展出了他的精神分析方法以解读其病人的梦境、言语、情绪反应以及躯体症状。他会仔细倾听其病人的言谈及沉默,他们的表达及压抑的意涵。对于这个侦探似的弗洛伊德而言,有关一个人的一切皆是可以解释的———切皆表示着某种意义,病人表达或发觉自己无法表达的一切思想皆是精神分析磨坊的材料。有关转移的替代理论即表明,这些解释行动总是在两个方向上运作,在病人与医生之间翻来覆去。在转移情境下,分析会谈开始看似是一个由很多人构成的剧场,他们在不同的时间替代着不同的角色。尽管有关病人思想的解释同病人当时的心理状态有关,但是弗洛伊德发觉它们也始终联系着那些童年的愿望及情绪——我现在将要转向的性欲的复杂领域。

性　欲

　　鲜有精神分析的发现会像下面这句主张那样遭遇如此普
遍的抵触或是激起如此的愤怒爆发，亦即：性的功能从生命伊
始便开始了运作，甚至早在童年期便有一些重要的迹象揭示
出了它的存在。然而，却没有任何其他的分析发现可以如此
轻易且如此彻底地得到证明。

(Freud 1925a:216-7)

　　弗洛伊德认为，在他的所有那些富有争议性的理论当中，最引发社
会激愤的就是他坚持强调儿童的性欲化本质。在 18 世纪末的浪
漫主义时期，有很多作家都把儿童描写为天真无邪的一张有待于
经验在上面书写的白板。相比之下，弗洛伊德则提出，那些童年
期的幻想构成了一个性欲望的连续体，而且所有的儿童都会对性和
他们自己的由来产生一种天生的好奇心。在上一章里，我们曾考
察了弗洛伊德如何把神经症和癔症性的症状解释为扮演了那些被
压抑的欲望，以及他如何把做梦看作是经由无意识的想象而实现
这些欲望的一种方式。但是，这些欲望的内容又是什么呢？究竟
是什么导致了这些性的欲望必须遭受压抑？在这一章里，我们便

会探究性欲这个危险的主题对于精神分析而言的核心重要性,同时标示出弗洛伊德以怎样的方式来设想幼儿期的这些自发而广泛的欲望会化作成年期的那些神经症性的和被压抑的欲望。

幼儿性欲与俄狄浦斯情结

根据弗洛伊德的观点,我们的力比多——我们基本的本能性冲动——会把我们带向一种能量兴奋的积聚,以及随后想要释放的欲望(有关这一思想的更多评论,见:第 5 章)。弗洛伊德认为,每个幼儿在生命伊始都会陷入一种多形倒错(polymorphous perversity)的状态,他们会爱恋上、情欲化并想要得到引起自身兴趣的所有事物和所有人物。婴儿会想要把一切事物都放进自己的嘴里,想要将其自身之外的一切事物都变成其自身的一部分,融入其眼下的世界。幼小的儿童并不会区分外部世界与他们自己身体的边界。对于孩子而言,明白其自身是一个孤立的个体,这一过程便是学着从世界所提供的外部环境中分离出一种有关内部自体的领悟。诸如威廉·华兹华斯(1770—1850)这样的一些浪漫主义诗人,也曾探究过此种自体感的早期发展:首先是处于跟母亲身体的一种想象的融合,然后再被迫分离出来而进入一个具有潜在敌意的世界。在其 1805 年的自传体长诗《序曲》(The Prelude)中,华兹华斯便描述了在母亲怀抱中吃奶的幸福的婴儿:"切勿遗弃他,那会让他惶惑而沮丧 / 在他幼小的血脉之中,融入的是 / 母亲的吸引,还有孩子天生对于母亲的依恋 / 正是这份爱的纽带,让他跟这个世界获得了联系"(Wordsworth 1970:27)。

正如我们在上一章里所讨论的那样,弗洛伊德有关梦的理论提出梦实现了无意识(或意识)的愿望。倘若不是在我们的现实中,至少在我们的梦境中,我们可以得到我们所想要的一切。小孩子在现实生活中所做的事情,就像成年人在梦境中所做的事情那样——小孩子想象世界会立即满足他们的欲望。弗洛伊德指出,幼小的婴儿并不会在拥有一个欲望与实现这个欲望之间作出任何区分——这种区分是必须要学会的某种事情。在母亲怀抱中的婴儿,即是对此的最佳例证。孩子会把母亲(或乳房)看作是他自己的某种延伸,而直到孩子发觉到自己的饥饿或孤单时——忽然间,他的需要不是一经产生便全部都得到满足——他才会把自己设想作是一个同母亲(或乳房)相分离的存在。直到世界不再给我们提供我们所想要的东西的那一刻,我们才会把自己看作是同外部世界相分离的。我们发觉了我们的孤立性、我们的个体性,同时我们也发现了我们的欲望并非总是会得到满足——我们都是可能有所缺失的存在。当我们发觉我们的周围世界并非总是会回应我们的愿望时,我们便会通过大声哭闹和尝试发出我们欲望的信号来表达自己。我们学会了如何交流,以便让世界了解到我们在生活中所欠缺的东西,了解到我们所需要的远远多于我们所得到的东西。

42

把婴儿开始交流的需要与它丧失了充盈和自身与世界同一的那种感觉结合起来的这一时刻,于是便联系着跟父母之间的那些早期的重要关系:父母是婴儿各种需求的最早满足者和拒绝者,也是婴儿最早的倾听者。弗洛伊德假设说,童年早期的主要愿望之一,便是成为父母亲关爱和关注的中心。我们只需看一看弗洛伊德设想在母乳滋养的幸福而满足的孩子身上发生了什么,便可以描绘出这幅图景。吮吸乳房是弗洛伊德所识别出的幼儿情欲性满足的第一种形式。当然,哺乳原本是出于营养供给,为了自我保存。然而,精神分析在思想上迈出的关键一步,便是从自我保存的本能走向了快乐原则(有关"快乐原则"的定义,见:第82-83页),主张生命的主要目标是尽可能多地获得快乐:"婴儿在吮吸方面的顽固持久性,证明了较早阶段对于满足的需要,尽管源自于营养摄取并受到营养摄取的驱策,但是却力求要获得独立于营养的快乐,而正是出于这个原因,此种对于满足的需要,可以也应当被称作是'性欲化'的"(Freud 1938:385)。即便是在母亲没有了奶水之后,孩子也还是会继续吮吸母亲的乳房——也许孩子是想通过母亲乳房的在场而让自己想起他是受到保护和关爱的。因而,根据弗洛伊德,在这一口欲满足的场景中同样存在着一个快乐的元素——在需要(食物)之外存在着一个欲望(对于乳房的感官享受)的剩余。父母亲的意义远不止于提供给孩子营养和保护——弗洛伊德所谓的"性欲"便生根于此种意义的过剩。在一则有关吮吸手指的讨论里,弗洛伊德指出,在母亲怀抱中获得满足的婴儿预见到了性交后的欢愉:"任何人如果看到婴儿心满意足地离开了乳房,绯红的面颊上挂着一抹幸福的微笑而进入梦乡时,都不免会想到这幅景象就是日后生活中性满足的表达的原型"(Freud 1905b:98)。

43　　　然而,对于自我中心的婴儿来说不幸的是,父母的关注并不会唯一地聚焦在孩子身上;他们的兴趣也会在彼此身上。在这种令人困扰的认识之前,婴儿一直把自己想象为世界的中心,可现在却突然间发觉自己被降低到了一个不太重要的位置。于是,感到冷落的婴儿便遭遇了一场新的有关性欲和嫉妒的危机,弗洛伊德将其命名为"俄狄浦斯式的危机"(Oedipal crisis)。弗洛伊德在把古希腊神话人物俄狄浦斯当作一个典范的时候宣称说:一般而言,孩子会对异性的父母发展出一种情欲性的爱恋,而对同性的父母发展出一种竞争性的憎恨,因为同性的父母似乎独占了孩子所欲望的异性的父母。弗洛伊德发现,索福克勒斯(Sophocles)在公元前五世纪的悲剧《俄狄浦斯王》象征性地上演了自己有关早期儿童性欲发展的理论。着眼于他对俄狄浦斯情结的发展,可能会有助于我们理解弗洛伊德有关分析中的解释的思想何以会和他的性欲理论重叠交织在一起。弗洛伊德对俄狄浦斯的运用,恰好例证了精神分析的理论是从对于一则文学文本的精细阅读当中发展出来的。

　　索福克勒斯的《俄狄浦斯王》通常都被描述成西方传统中的第一部侦探故事。这是一部关于揭开谜题(其实是好几个谜题)的戏剧。在戏剧的开场,底比斯的国王俄狄浦斯决定要找出并根除在他的城邦中肆虐他的庄稼和人民的污染的原因。德尔斐的神谕告诉他,如果要找到污染的来源并拯救城邦于灾难,他就必须查出是谁杀死了前任的国王拉伊俄斯,后者的谋杀案一直没有得到解决和惩罚。在这部戏剧的一开始,俄狄浦斯看似一位自信而强大的领袖;他因为解开了斯芬克斯之谜(斯芬克斯是来自异域的一头狮身人面兽,曾把底比斯置于他的诅咒之下)而登上了王位。由于解开了斯芬克斯的谜语,他使城邦幸免于奴役。尔后,他便娶了拉伊俄斯的遗孀伊俄卡斯忒,而自己当上了国王。起初,自信满满的俄狄浦斯把自己刻画为一位揭秘大师,一位解谜专家;他揭露了真相并开启了通往知识的道路。在这部戏剧的发展过程中,俄狄浦斯发现了他自己就是他所寻找的罪犯;在他最初抵达底比斯之前的一次打斗中,他毫不知情地谋杀了拉伊俄斯。然而,更糟的是,俄狄浦斯同样发现拉伊俄斯和伊俄卡斯忒竟然就是他的生身父母,他们在他孩提时便抛弃了他,因为一则预言告诫他们说他们的儿子将会弑父娶母。尽管不是他自己的过错,但俄狄浦斯就是城邦中的毒害来源。正是他自己的身世之谜——他毫不知情地谋杀了自己的父亲,并跟自己的母亲结下了乱伦的婚姻——把诸神的诅咒带向了他的城邦。他就是他自己在寻找的答案:特别是,他谜一般(谋杀和乱伦)的身世就是问题的所在。在这部戏剧的结尾,伊俄卡斯忒上吊自尽了,而俄狄浦斯则刺瞎了自己的双眼,以便他再也不会看到自己乱伦和谋杀的结果。

44

在俄狄浦斯的神话中,弗洛伊德将其看作是在每个家庭中都会上演的一出悲剧的版本,尽管这出悲剧并没有俄狄浦斯的神话那么戏剧化。根据弗洛伊德的观点,俄狄浦斯将我们每个人在童年早期所拥有的一种愿望付诸了行动。在他的临床工作中,还有值得注目的是,在他自己的自我分析中,弗洛伊德不断发现了这种重复循环的模式——来自异性父母的吸引和对于异性父母的爱恋,以及指向同性父母的嫉妒和憎恨,甚至是一种死亡的愿望——弗洛伊德最终将此种模式命名为"俄狄浦斯情结"。弗洛伊德在《释梦》(1900)一书中声称:《俄狄浦斯王》之所以会对现代观众产生持续的效力,就是因为我们全都认出了来自我们幼小童年的这出戏剧的故事。根据弗洛伊德的说法,我们认识到了俄狄浦斯那奇特的乱伦的命运,可能一直都是我们自己的命运:

> 我们所有人的命运,或许,就是把我们最初的性冲动指向我们的母亲,而把我们最初的憎恨和谋杀的愿望指向我们的父亲。我们的梦境皆向我们证明了事实如此。
>
> (Freud 1900:364)

要注意的是,弗洛伊德的措辞"我们所有人"提出了一个问题:俄狄浦斯情结所描述的究竟是谁? 这里的"我们所有人"都是男人吗?在第 1 章的通篇,我一直都在用男性人称代词来指涉精神分析理论中的孩子,因为弗洛伊德自己所假设的也是一般的男性儿童。但是,如果弗洛伊德的"我们所有人"指的是男孩们和女孩们,又如果我们设想最接近于童年期普遍经验的事情就是婴儿在母亲怀抱中吃奶的幸福画面,那么,所有的婴儿——男孩子和女孩子——就应当学会首先并最强烈地去爱他们的母亲。从逻辑上讲,每个人都应当把他们最初的爱恋指向自己的母亲,并且把自己的父亲看作是侵入那一关系的一个不受欢迎的闯入者。为了保持他的这些故事是对称的,也为了保持异性恋作为健康性欲的正常标准,弗洛伊德不得不去为了女孩们而翻转这则故事。我将回到弗洛伊德是45　以怎样复杂的方式来调动俄狄浦斯情结,以便说明女性性欲的问题。暂且,让我们仅注意到,弗洛伊德的俄狄浦斯情结是以小男孩的考虑来设计的。尽管这样的假定是有问题的,很多女性主义批评家都曾对此提出过质疑,但是在这一点上,我还是会继续用弗洛伊德有关"典型"的孩子都是男性的虚构,来描述他有关在俄狄浦斯情结期间小男孩身上发生了什么的理论。

在俄狄浦斯阶段,孩子会把自己所有的关注都聚焦在他的母亲身上,并想要让母亲完全属于自己。然而,很快他便意识到,还有另一个人,亦即父亲,在争夺他母亲的爱。于是,当他看到自己母亲的关注也同样指向这另一个人时,他便会开始对自己的父亲发展出竞争和敌对的感觉。孩子会希望父亲死掉。在他幼小的心灵中,他变成了一个小小的杀人犯:他幻想着杀死自己的父亲,以便他自己能够取而代之。遗憾的是,这个暴力的小情人,在这个时点上必须了解到他不能总是得到自己想要的东西。如果孩子并未停止对于母亲的渴望,那么比孩子强大得多的父亲,就会威胁要惩罚孩子。小男孩所能希望的最好的事情,便是长大后变得**好像**他父亲那样,并最终找到一个**好像**他母亲那样的女人。因而,孩子便认同于父亲,或是把父亲当作一个角色的典范。在弗洛伊德的图式中,当孩子勉强接受认同于他的父亲,而非想要杀掉自己父亲的时候,他也就内化了父亲所具有的威胁性和惩罚性的那一面。

超我

对于父亲权力的此种恐惧会变成孩子的超我,超我是阻止孩子做他不应该做的事情,或者当孩子确实做了不应该的事情时让他为自己所做的事情感到罪疚的一种内在的声音(关于超我的更详细的讨论,见:第5章)。

从某种意义上说,弗洛伊德的这则俄狄浦斯的故事,便弥合了我在上一章里所讨论的有关解释的问题以及我在这里所引入的有关性欲的问题之间的缺口。在他的病人们和他自己的梦中,弗洛伊德发现了那些跟人们的过去有关的故事,他是运用其自由联想的治疗方法将这些故事破译出来的。通过理解给梦境赋予其外显形式的移置、凝缩和多元决定等过程,弗洛伊德追究到了进入梦境而建构出梦的隐义的信息,亦即:梦中实现的愿望、梦所指涉的童年期材料,以及促成其最终形式的日间残余(或者近期发生的事件)。在《释梦》中描述这些过程期间,弗洛伊德偶然遇见了一个因素,他将其看作是梦境和神经症的一个不可避免的童年早期的来源,即围绕着针对父母的爱恨情感的欲望危机。根据弗洛伊德的说法,俄狄浦斯情结在童年的顺利通过,是我们每个人获得性欲发展的一个必不可少的部分,无论这样的发展是健康的亦或神经症性的。

　　弗洛伊德对于俄狄浦斯情结的最初构想,是根据他自己的自我分析与围绕着他父亲去世的种种问题而发生的,他父亲去世时,他正在开始着手《释梦》的写作。正如弗洛伊德在他的神经症和癔症病人们身上所发现的那样,在儿时的自己身上,他也看到了同样的爱恋和嫉妒的动机。在 1897 年 10 月 15 日写给其朋友威廉·弗利斯的一封信中,弗洛伊德写道:

　　　　我渐渐明白了一种具有普适价值的观念。我发现,在我自己的情况中也存在着爱恋我的母亲并嫉妒我的父亲[的现象],而我现在则将其看作是童年早期的一个普遍性事件……倘若确实如此,我们便可以理解《俄狄浦斯王》的那一扣人心弦的力量……这则古希腊传说之所以抓住了我们每个人都会认出的那种强迫性冲动,是因为我们每个人都在自己的身上感受到了它的存在。

　　　　　　　　　　　　　　　　　　　　　　　　(Masson 1985:272)

俄狄浦斯神话的故事关乎的是一种令人痛苦的自我认知,当弗洛伊德谈到他在自己身上认出了俄狄浦斯的时候,他展现的是这样一种自知。在俄狄浦斯的身上,弗洛伊德看到了他自己的镜像:一位企图解决人类谜题的自信满满的领袖,而仅仅会被另一者所击败,亦即有关他自己身世的悲剧故事,一则不受他掌控的故事。

起初,斯芬克斯问了俄狄浦斯一则谜语:什么东西在清晨用四条腿行走,在下午是两条腿,在夜晚是三条腿?答案——只有俄狄浦斯一人能够将其破解出来——便是人类:人类在婴儿时用四肢爬行,在成年时用两条腿直立行走,到老年时则需依靠拐杖蹒跚前行。从这出神话谜语当中,弗洛伊德看出了一则关于儿童欲望的寓言:孩子想要了解婴儿的由来,而这是"摆在不成熟的人类面前的最古老也是最迫切的问题"(Freud 1907b:177)。弗洛伊德指出,儿童就像俄狄浦斯那样,在寻找着这些关于他们自身起源的问题的答案,俄狄浦斯以为自己知道所有的答案,但是却疏漏了一个事实,亦即他并不知道他自己晦暗不明的被诅咒的身世的秘密。孩子对于母亲的爱恋以及对于父亲的嫉羡和憎恨,一次又一次地上演于这些早期的戏剧。

根据精神分析的观点,那些早先的原始欲望和冲动是没有任何逃脱途径的。但是,精神分析也同样提出,就充分理解这些欲望的过程而言,我们永远都不应当太过于自信。俄狄浦斯那放错了地方的自信,便充当着对于分析家的一则警告,让他不要以为自己解开了无意识的秘密。我要指出的是,在弗洛伊德对于俄狄浦斯的迷恋中可以看出两个不同版本的弗洛伊德。第一个版本是自信满满的、夏洛克·福尔摩斯式的弗洛伊德,他认为自己可以揭示出关于无意识的所有秘密。这样的弗洛伊德听起来就像是俄狄浦斯那样,对于他在寻找的东西是很有把握的。但是,正如我们所知道

47

的那样,俄狄浦斯是搞错了的。他并非是像他自己以为的那样是一位很好的解读者。另一个弗洛伊德则认识到知识总是有偏颇的,而且也总是服从于诸多的盲点;他明白我们无法使我们的情绪依恋分离于我们对有关世界的认识——关于我们自身,根本不存在这样一种绝对客观的见解。这样的弗洛伊德看到了这些童年情绪的强烈转移影响着所有与知识的关系。在索福克勒斯戏剧的结尾,俄狄浦斯刺瞎了自己的双眼,他之所以会这么做,部分地是因为他发现自己已然是盲目的:盲目于让他自己罪疚的那些欲望。对于弗洛伊德而言,自我认知作为解释的终极目标,其关键乃取决于性欲的领域——揭示出对于婴儿早期生活中的最重要人物(父母)的那些早先遭受挫折的激情。

《性欲三论》(1905)

或许令人惊讶的是,在弗洛伊德事业生涯的前半部分,他都设法使男性与女性之间的差异相对于他的性欲理论而言变得不重要。在精神分析有关幼儿性欲的理论中,男孩的欲望与女孩的欲望之间根本不存在任何实际的区分——这些区分直到青春期才获得了严格意义上的发展。然而,重要的是弗洛伊德所谓的男性或主动性原则与女性或被动性原则之间的差异。弗洛伊德假设:所有的力比多——所有的性冲动——在根本上都是主动性的,因此也是男性的。但是,弗洛伊德也同样发觉到,小孩子在发现其自身性欲的过程中,会在不同的时间上采取不同的立场——有的时候,他们会把自己设想成是主动的,而有的时候,他们又会把自己设想成是被动的。女性特质(femininity)与男性特质(masculinity)于是便被看作两种可以变动的位置,而非两种固定不变的身份。每个男人或者女人在其自身的人格中都具有男性的一面和女性的一面。

　　弗洛伊德独具开创性的这些文章,亦即 1905 年的《性欲三论》,便详细阐述了有关主动性和被动性的这些概念,从而展示了对于欲望的孩子而言的各种可能的位置。在《性欲三论》中,性的欲望与其说是沿着双性路线——在男性与女性,亦或是主动与被动的欲望之间挣扎——而结构的,不如说是以"**多重性欲**"(polysexuality)——拥有多种欲望以及那些欲望之对象的可能性——而结构的。在《性欲三论》一文中,弗洛伊德区分了性欲对象(作为性欲依恋对象的人物或事物)和性欲目标(人们就那一人物或事物所设想的性活动)。他指出,性欲对象与性欲目标只会松散而偶然地绑定在一起——我们可以通过着眼于小孩子自由延伸的性欲而看到这一点。没有任何自然的规律亦或生物性的法则,可以确保欲望就一定是异性恋的和繁殖性的。相反,性欲的发展就是多重欲望变得有所规训,并在某种意义上有所限制的过程。因而,俄狄浦斯情结便可以被看作弗洛伊德创造出来的故事,以讲述这些根本性的多重欲望的生长和驯化。如果说俄狄浦斯情结是普遍性的,那么它保证了欲望得以被疏导进一种社会可接受的方向:男孩原先欲望着母亲,继而则欲望着母亲的(女性)替代者;女孩原先欲望着父亲,继而则欲望着父亲的(男性)替代者。

　　弗洛伊德提出性欲理论的一个目标,便是旨在揭露出性爱与非性爱之间的连续性、孩子对于父母的爱恋与日后的爱情之间的连续性,乃至正常的性活动与唤起此种亲子关系的性倒错之间的连续性。反过来,弗洛伊德同样指出,母亲对于孩子所持有的母爱,也可以被看作跟性的欲望相连接:

　　　　一位母亲对于她所哺育并照料的婴儿的爱,远比她日后
　　对于长大成人的孩子的情感要深切得多。这份母爱在本质上
　　属于一种令人全然满足的爱情关系,此种关系不仅实现了所
　　有的精神愿望,而且也还满足了所有的肉体需要;而如果说这
　　种母爱代表了人类可获致幸福的众多形式之一,则在很大程
　　度上要归功于它所提供的这样一种可能性,亦即:母亲可以凭
49　　借此种爱的关系,在不受指责的情况下去满足长久以来一直
　　遭受到压抑并且必须被称作倒错的那些满是渴望的冲动。在
　　最幸福的年轻夫妻关系中,父亲会意识到婴儿——尤其如果
　　是个儿子的话——变成了自己的竞争对手,而这便是与宠儿
　　进行对抗的起始点,此种对抗是深深地根植在无意识之中的。

　　　　　　　　　　　　　　　　　　　　　　　(Freud 1910b:209-10)

　　在弗洛伊德那里,欲望与竞争的流动是双向的——从孩子流向父
母,但也从父母流向孩子。精神分析表明,我们从来都没有真正长
大,我们从来都没有完全舍弃掉那些童年期的冲动。这些冲动存
在于无意识当中,它们会返回到我们的神经症疾病中,在我们的梦
中,甚至在我们的各种性行为中而纠缠着我们不放。

　　弗洛伊德在《性欲三论》中反复出现的结论,便是他所讲述的
那种发展的叙事,而这一发展朝向成人“正常”性欲的运动,则是对
于孩子来说非常难以顺利通过的一条路径。因而孩子在作为多形
倒错的造物进入世界的时候,他们具有着可能因各种方式而得到
满足和挫折的冲动、需要及欲望,所以我们很难看到这些形式众多
的欲望是怎样被疏导进一个有所约束的方向——朝向成人生殖性
的异性恋。正常的定义本身之所以会在《性欲三论》中变得动摇,
就是因为偏离正常的倒错,可能并不亚于其他任何事情的发生。

通过对《性欲三论》的阅读，我们开始明白弗洛伊德有关"正常"的复杂叙事——通过俄狄浦斯情结的固有阶段而获得性欲的发展——何以很少会获得实现的原因所在。小的时候，你所爱恋的人，你所憎恨的人，你所恐惧的人，你所认同的人，这些角色都是时常交替变换的——而非板上钉钉的。

《性欲三论》连同《释梦》一起，涵盖了弗洛伊德理论的基石。这两本书在弗洛伊德的有生之年曾被他不断地修正。它们勾画了他的神经症理论，探究了力比多冲动的关键领域。在"性欲失常"、"幼儿性欲"以及"青春期的发展"这三个重要主题上的相关论述，即构成了他的《性欲三论》。

性倒错

弗洛伊德先是提出了性倒错之为病理性的思想，继而又让他的读者去面对在当时被视作变态的各种性行为背后的原因，诸如恋物癖、同性恋以及偷窥狂，等等。弗洛伊德以如下的方式来定义性倒错："性倒错亦或是(a)在解剖学的意义上延伸到为两性结合所设计的那些身体部位之外的性活动，亦或是(b)在同性欲对象的直接关系上停滞不前的那些性活动，而在正常的情况下，这些关系应当在通往最终性欲目标的道路上被迅速地越过"(Freud 1905b:62)。在这则定义下，最终的性欲目标便是生殖器性交；而这里的假设即在于性首先是通过导向生殖的事情来定义的。

50

在一番说明之后，弗洛伊德继而摆出了社会习俗关于性倒错的看法，这种看法把性倒错界定为是没有导致性交的任何形式的性行为。他指出，快乐与生殖的目的是不相一致的——对我们来说，性欲远不止于人类种族繁衍的保证。人类的繁育功能，从某种意义上说,是被我们使之依附于性领域的那些情绪所压倒的。

在《性欲三论》的第一章节里,弗洛伊德扩展了性倒错的范围,从而使得我们不可能不认识到所有的性关系都包含有某种形式的性倒错——并不严格服务于生殖的某种形式的性交媾。弗洛伊德以这样一种方式来描述接吻,以便指出其本质上的倒错性:"接吻,即有关的两个人口唇黏膜之间的这样一种特殊的接触,在很多民族中都被视作具有高度的性价值而备受推崇(包括那些最高度文明化的民族),尽管事实上所涉及的身体部位并非组成性器官的一部分,而仅仅是形成了消化道的入口"(Freud 1905b:62)。把接吻描述为包含了黏膜间的接触,并且指出其跟消化道的接壤,这些都是弗洛伊德在《性欲三论》中所使用的高超修辞技术的例证。通过说明社会将其界定为正常性欲和变态性欲的行为之间的临近性,弗洛伊德指出了这两类范畴可能会以各种各样的方式而相互转化。

关于欲望与生殖性欲之间的这种不稳定的关系,弗洛伊德在他晚年的说明性著作《精神分析大纲》一书中概述了他的三个核心观点:

（a）性生活并非只是在青春期才开始,而是开始于出生后不久的那些单纯表现。

51

（b）有必要在"性欲"与"生殖"的概念之间作出清晰的区分。前者是更宽泛的概念,而且包括了很多同生殖无关的活动。

（c）性生活包括了从一些身体区域获得快乐的功能——此种功能随后便开始服务于繁殖。通常,这两种功能都是无法完全一致的。

(Freud 1938:383)

根据弗洛伊德的观察,幼儿期从而产生了一种对于性欲和婴儿自身性器的迷恋。这可能会一直持续到大约五岁左右,此后孩子便进入了潜伏期,而性冲动在此时期并不是那么的明显或活跃,直到青春期为止。生命的早期不可避免地会沦为"幼年失忆症"(infantile amnesia)的牺牲品——对于在我们的童年期间所发生的一切有一种普遍的遗忘,这种情况直到六七岁的年龄才有所恢复。根据弗洛伊德的观点,孩子就如同神经症患者那样,会压抑记忆来掩盖性的知识。弗洛伊德问道:"毕竟,幼年失忆症说到底是否也可能是被卷入了跟童年期的性冲动的关系呢?"(Freud 1905b:89)。根据弗洛伊德,幼年失忆症是从孩子身上掩盖了其自身性生活的那些起始阶段。精神分析的核心关切,便在于发掘这些早期的经验、情绪及欲望。正如我们在上一章里所看到的那样,精神分析即旨在释放此种被压抑的认知,以便使之能够得到利用和理解,试图以此来进行治疗。弗洛伊德宣称关于我们早期性生活的失忆症是伴随着我们所有人的,这种失忆症也可见于那些压抑并遗忘了他们就其自身的欲望所应当了解的事情的神经症患者。从某种意义上说,婴儿往往是比成人更加健康的,因为他们会按照自身情欲性的愿望来行动,而非压抑并抑制这些愿望。

我们最早的幼儿情欲性满足是口腔性的——婴儿很早便学会了如何来体验这个世界,亦即:通过把他所能抓到的东西统统放进自己的嘴里,然后期待着这个东西能够给予他乳房曾经给予他的那种满足。弗洛伊德把婴儿对于世界的此种情欲性的饥渴称作"口腔阶段"(oral stage)。婴儿的很多活动,像吮吸手指等,都反映了这一发展阶段,此时的孩子会把它所能触及的一切都放进自己的嘴里,希望借此从世界中获得其自身的快乐。

随着孩子对于自己身体的探索,他所发现的第二个爱欲生成区(erotogenic zone)便是肛门。肛门阶段(anal stage)源自于孩子在其排泄功能中所获取的快乐。对于孩子来说,肛门快感首先是来自于清空自己的肠道;粪便通常都会被(父母和孩子)视作孩子给予父母的第一份礼物。任何人如果曾一度看到父母亲坚持不懈地致力于自己孩子的大小便训练,都会了解排便所可能受到的那种关注。孩子纳入自身的东西和他排出体外的东西,对于孩子日渐形成其自身的形象而言是如此的核心,这一点是并不令人惊讶的;因为正是这些问题本身在父母照管孩子的成长时占据了父母的注意力。滞留和排出关系到控制的问题,以及日后生活中的秩序性和整洁性等问题。正如我们在流行的行话中所了解的那样,根据弗洛伊德,肛门人格(anal persenality)便指的是某人"循规蹈矩、贪财吝啬和顽固倔强"(Freud 1908c:209)。如果说粪便是孩子给予父母的第一份礼物,那么,粪便和金钱日后便可以在幻想生活中被联系起来。

幼儿期的第三个也是最后一个情欲阶段便是性器阶段(genital phase)——有时也叫作阳具阶段(phallic phase),尽管这同时涉及男孩跟女孩(重要的是要记得:在弗洛伊德而言,这三个阶段虽然是以一般的顺序而出现的,但是它们却总是相互重叠的——而并非只是一个阶段为下一阶段所取代)。在性器阶段,孩子开始了解到自己的生殖器即是刺激的来源,同时会在各种事件的正常过程中通过手淫来探索自己的身体。孩子也可能会因为一条毛巾的摩擦或是照料婴儿时所发生的很多其他的日常事件而受到刺激。如果你们还记得弗洛伊德先前的看法,他相信儿童虐待始终是性神经症在日后获得发展的一个关键因素。在诱惑理论中,弗洛伊德就曾声称,父母或者较年长的权威人物会勾引和性侵无知的孩子,从而导致了日后的神经症和癔症。在他写作《性欲三论》(1905)的时候,这一理论已经被幼儿力比多欲望和幻想的正常性所取代了。虽然孩子确实有可能遭受虐待,而这也当然有可能导致日后的神经症疾病,但是孩子也会在没有他人干扰的情况下对其自身产生一些情欲性的欲望。父母通常都是孩子所欲望和幻想的最初的对象,因为他们实际上都是孩子所能接触到的最初的身体。

让我们概括一下弗洛伊德在《性欲三论》及其有关性欲的其他早期著作中的主要观点:弗洛伊德在 20 世纪前十年中提出的性欲理论,并未就男孩和女孩之间作出区分。在其依恋的强烈性欲本质上,两者皆类似于成人;相较于成人而言,男孩和女孩皆具有更加广泛的非生殖性的性生活;无论是在记忆缺失的幼儿期,还是日后在青春期又卷土重来的性欲发展,两者都会对童年时父母亲的角色产生性欲和欲望的反应。对于婴儿来说,性的愉悦可能源自于身体上的任何部位。因此,"性欲"这一术语就必须被理解为远不止是指涉了从生殖器的感官上获得的愉悦。倘若我们根据宣称所有性欲的目标都是生殖这样的还原论观点来看待接吻或者其他性活动的"前戏",那么它们便都会被看作是异常或倒错的。弗洛伊德主要指出的关键点在于:性本能被划分成了性欲目标(亦即某种可以帮助我们获取快感的活动)和性欲对象(亦即将会满足此种目标的事物或人物),况且也没有任何事情可以保证说,性欲目标与性欲对象能够按照符合社会假定的方式而匹配,例如,这些社会假定便提出:男孩应当对女孩产生主动性的性欲目标,或者是女孩应当对男孩产生被动性的性欲目标。

性别差异——最终作为青春期里的因素而出现在弗洛伊德的理论中——唯有至此才开始意味着每个孩子的欲望都要采取一条

53

"自然"的路径——女孩们是趋向于其父亲的吸引,而男孩们则是趋向于其母亲的吸引。然而,弗洛伊德有关性欲发展的核心理论,亦即俄狄浦斯情结,则是相对于男孩子而非女孩子,也是相对于异性恋而非同性恋所建立的。因而,弗洛伊德在《性欲三论》中的这些结论便开启了这样一种可能性,亦即:我们将其定义为"自然"的那种性欲,其实是一种日后的社会性强加。无论是小男孩还是小女孩,皆具有朝向父母双方的**矛盾情感**(ambivalent)态度。

矛盾感情

> 矛盾情感是指同时共存于心灵中的那些对立的情绪,特别是爱和恨的交织。对于精神分析的理论来说,矛盾情感是一种非常重要的情绪状态。

弗洛伊德写道:

> 一个男孩子,不单单是会对其父亲产生一种矛盾情感的态度,并对其母亲产生一种深情满满的对象选择,同时他也会表现得像个女孩子那样,对其父亲展现出一种充满深情的女性态度,以及相应针对其母亲的嫉妒和敌意。
>
> (Freud 1923:372)

54　似乎,异性恋的对象选择并不比同性恋的对象选择更加自然且稳固。弗洛伊德理论的旨趣,通常都在于他介乎正常化的性欲发展与幼儿性欲并未固定在任何道路上的那些根本可能性之间的摇摆不定。在本章的最后一节里,我将转向弗洛伊德有关性欲如何得到管制并趋向异性恋化的那些说明,而这又将把我们带回精神分析对于女孩子的性欲发展应当提供一则怎样的说明这个问题上来。

阉割与阴茎嫉羡

孩子性欲发展的第三时期,亦即性器阶段,即涉及孩子对自己身体的探索,以及对手淫能够带来快感的发现。这一发现——或许在弗洛伊德的时代更是如此,但现如今也依旧是这样——往往都伴随着父母禁止孩子手淫的命令,而如果孩子继续沉溺于他的这一早期性探索,父母便会以可能发生某种可怕的事情来进行威胁。弗洛伊德把此种威胁联系于男孩子害怕遭到父亲惩罚的恐惧,正是严酷的父亲打断了男孩同其母亲之间幸福的情欲性联结。父亲加以威胁的那种惩罚即是阉割——切除孩子渐渐将性快感和性欲望与之联系起来的那一器官。当对于父亲的恐惧迫使男孩子放弃了他想要占有自己母亲的欲望的时候,他便是在对**阉割情结**(castration complex)作出反应。

阉割情结

在弗洛伊德的理论中,阉割情结——男孩子对于丧失阴茎的恐惧,以及女孩子对于丧失阴茎的认识——产生自很多不同的来源,而且会同时影响到男孩子和女孩子,尽管他们会以非常不同的方式来经历这一情结。随着孩子的成长,他渐渐会对性别差异的问题迷惑不解。是什么造成男孩子和女孩子变成了两类孤立范畴的人呢?对于这一难题,弗洛伊德假设在某一时刻上存在着一个可见的要素。孩子看到异性的生殖器,从而认识到(如果是男孩的话)异性欠缺他自己所具有的某种东西,亦或认识到(如果是女孩的话)异性具有她自己所欠缺的某种东西。对于两性的孩子而言,这两种认知都是创伤性的,近乎于灾难。

55　　　　根据弗洛伊德的逻辑，男孩恐惧的是女孩曾经拥有阴茎但是却被割掉了——他会把这一幻想转变成关于他自己器官继续健康和完整的各种焦虑。因此，对于小男孩来说，阉割情结即是一种相对直接的事件推理——他会把自己阴茎的丧失联想成是不良行为的可能结果："因为看到它已然发生在女孩子身上；所以也可能发生在我身上"。虽然他会对于阻断自己和母亲的父亲心生恐惧和反感，然而最终还是会服从于父亲的规则，接受自己长大后变得像父亲那样，同时找到一个女人充当母亲的替代。

　　　　正如我们反复看到的那样，弗洛伊德是把男孩子当作经历俄狄浦斯情结的孩子的典型。那么，女孩子是如何放弃欲望自己的母亲而转向欲望自己的父亲呢？倘若她没有放弃对于母亲的欲望又会如何呢？这两个问题一直潜藏在弗洛伊德的心头而迫使他去追问有关女性特质的理解。在写给玛丽·波拿巴[1]这位分析家的一封信件中，弗洛伊德写道："有个重要的问题，始终都未曾得到过答案，而我也一直都尚未能够去回答，尽管我花费了30年去探索女性的心灵，这个问题即是'女人想要什么？'（Was will das Weib？）"（Jones 1955：468-9）。当我们在涉及弗洛伊德个案研究的第4章里讨论杜拉个案的时候，我们会再返回这一问题，以及弗洛伊德在分析女性性欲方面的困难，但是暂且让我们先遵循弗洛伊德的逻辑，来看看女孩跟阉割焦虑的关系。

　　　　根据弗洛伊德的见解，女孩的性欲发展是以一种略微不同但复杂得多的方式而运作的。女孩子在看到异性生殖器时所认识到的事情，比起男孩子所认识到的事情，可以被看作更具毁灭性的。精神分析宣称，女孩子会把自己对于阴茎的缺失看作是自己已然

1　　玛丽·波拿巴（Marie Bonaparte，1882—1962），拿破仑家族的后裔，俗称"玛丽公主"，法国精神分析运动的先驱，与弗洛伊德私交甚密，曾在"二战"期间协助弗洛伊德逃离纳粹的迫害。——译者注

被阉割的标志——她没有阴茎而想要得到它。她也同样认识到是
自己的母亲(直到此时,母亲都一直充当着她原初的爱恋对象)辜
负了她——她的母亲同样没有阴茎,所以她也当然无法给予失望
的女孩一个阴茎。精神分析的逻辑宣称:女孩子会对她的母亲产
生愤怒,而转向她的父亲,心里揣测着如果父亲不能给她一个阴
茎,那么他也可以给她一个孩子作为替代。弗洛伊德认为,所有的
这些假设,都是源于孩子没有完全理解和掌握性的知识。男孩子
发展出阉割焦虑(对于丧失阴茎的恐惧),而女孩子则发展出阴茎
嫉羡(关于没有阴茎的嫉妒)。

弗洛伊德给小女孩建构的故事并不是那么清晰明了,而无论 56
是在早期的分析家当中,还是在日后的女性主义批评家当中,这个
问题都曾激起过激烈的争论。在 1910 年代末到 1920 年代,弗洛伊
德的追随者们便开始就他的性别差异理论同他争论。在 1920 年代
所发生的这些有关女性特质的争论,是弗洛伊德思想在精神分析
共同体中引起严重争议的为数不多的一次。阴茎嫉羡便是在当时
特别引起争议性的一个论题。很多分析家都觉得,弗洛伊德的错
误即在于假设了女孩的发展仅仅镜映了男孩的发展——女孩子无
法具有其自身孤立的发展。这些分析家想要使女孩的发展从出生
时便完全分离于男孩的发展,然而他们却发觉自己又回到了原先
的那种生物学决定论,亦即:解剖学决定着个体的欲望。但是这跟
弗洛伊德的思想是背道而驰的,因为弗洛伊德著作中的很多方面
皆已表明:对于人类而言,性欲远不止于生物性的本能。

如果说女孩朝向成人异性恋欲望的不确定发展的故事是对于
弗洛伊德而言的一大难题,那么成人同性恋的事实——欲望其自
身性别成员的男男女女——也显然同样困扰着有关弗洛伊德的俄
狄浦斯故事的某种严格阅读。在 19 世纪晚期,一系列重新形成的
临床描述开始围绕着在当时被看作异常行为的同性恋而出现。这

些描述的依据,即在于异性恋被当作正常的这样一个事实(然而,在谈及这一点时,我们应当谨慎地进行,因为"异性恋"与"同性恋"这些术语毕竟是到 1890 年代才首度问世,记住这一点非常重要。关于我们如何组织两性间的关系,它们仅仅是历史建构的现代范畴)。医学与性学在 19 世纪晚期关于同性恋的讨论将其看作是一种与生俱来的先天条件,而非像公众意见那样将其看作是一种有意的选择,亦或像宗教那样将其理解为一种罪恶。弗洛伊德假设儿童是多形倒错的,这便导致他把同性恋与异性恋视作是一个连续体。一方面,弗洛伊德认为每个人都具有一些同性恋的冲动和倾向——把男孩看作欲望其母亲而把女孩看作欲望其父亲的俄狄浦斯情结的发展是很少纯粹而直接的。这些指向父母的强烈爱恨情感都是潜在转化并且可以替换的。另一方面,弗洛伊德也把同性恋界定为某种偏离正常的状况,并指出儿童或青少年都需经由同性恋的早期阶段而过渡至成人异性恋的发展。该死的是,同性恋同样被弗洛伊德联系于自恋——把自身当作性的对象(有关自恋的更多说明,见:第 78 页;至于弗洛伊德如何理解同性恋的更多资料,亦见"个案研究"一章中的"一例女性同性恋个案的心理发生学":第 73-75 页)。

57

因此,我们便看到,有趣的是,弗洛伊德有关女性特质与同性恋的理解往往都是自相矛盾的。弗洛伊德的一大根本创举,便是他假定为所有更进一步的发展奠定基础的不是生物学——正是那些早在童年时发生的事情,以及那些父母曾讲述给孩子(还有孩子曾讲述给自己)的故事,部分决定了孩子长大后会变成何种性别的人而存在。对于弗洛伊德,你们可能想要指出,男人与女人都不是天生的,而是后天造就的。有关性与性别角色的假设,是可以移入任何方向的一种过程,而非把身体雕刻成石头的一项生物学事实。因此,尽管弗洛伊德就男孩和女孩的发展所讲述的某些故事,现在看来可能是荒诞可笑和站不住脚的,然而他的伟大发现则在于认识到了人类的性欲源自于本能冲动变成故事的转化——关系到父母与幼小情人的早年生活的那些故事,以及孩子们讲述给自己或讲述给彼此的那些有关婴儿从哪里来,有关惩罚的恐惧和焦虑,有关爱情的幻想的故事。

小 结

弗洛伊德在 20 世纪最初十年的性欲理论提出,多形倒错的孩子会像成人那样去欲望,而其依恋在本质上都带有激烈的性欲特征。根据弗洛伊德的看法,男孩和女孩较之于成人,皆有着更为广泛的非生殖性的性生活;在他的《性欲三论》(1905)中,弗洛伊德拓宽了性欲的定义,从而使之囊括的范围不仅仅止于从性器感官所获得的快感。性本能被划分成了目标(亦即可以帮助我们获得快感的活动)和对象(亦即将会满足这一目标的事物或人物),也没有什么事情可以保证这些目标和对象会相符于它们在社会上可接受的形式。性别差异仅仅在幼儿性欲的最后阶段由俄狄浦斯情结而进入弗洛伊德的理论。无论是在遗忘的幼年时期,还是后来在青春期又卷土重来的性欲发展,男孩和女孩都会对于父母亲的角色产生性欲和欲望的反应,他们会在俄狄浦斯情结中取代父母的位置,并设法应对依附于俄狄浦斯情结的焦虑——对男孩来说,是阉割焦虑;对女孩来说,则是阴茎嫉羡。正是通过弗洛伊德的个案研究,他才最终提出了这些有关童年性欲的怪诞故事,而我们现在要转向的正是这些故事。

58

个案研究

弗洛伊德的个案研究是他最通俗易懂且最引人入胜的作品。每一例个案报告的展开,都有如一部心理悬疑小说,叫人读起来欲罢不能;我们一路跟随着弗洛伊德,沿着他的诊断,到他不同病人的反应,再到他对他们症状的解释,想要苦心思索出他们心灵的内容与他们疾病的原因。弗洛伊德是通过他的实践,亦即发掘出有关其病人过去的那些故事,而发展出精神分析的理论的。但是,他以可发表的形式就这些个案的写作,则也同样涉及了另一种叙事类型——有关分析本身的故事,亦即:对于解开病人隐秘记忆的材料的揭示。从某种意义上说,弗洛伊德的每一例个案研究,至少都包含两种叙事:一则叙事涉及哪些过去的事件和幻想导致了病人的疾病,从而促使病人前来寻求精神分析的帮助;另一则叙事则关系到病人同弗洛伊德一点一点地共同建构并重构那些过去经验的分析。对于那些致力于探索叙事结构(narrative structure)如何影响到叙事内容(narrative content)以及我们如何可能亦或是否可能在"历史"(history)与"故事"(story)之间作出有把握的区分的文学批评家们来说,弗洛伊德的这些个案研究都是特别丰富的资料来源(见:Brooks 1985;Bernheimer and Kahane 1985)。

　　尽管这些个案对于弗洛伊德创造精神分析而言具有很大的重要性,然而弗洛伊德在其一生中却仅仅写作并发表了很少的个案研究,而且它们的发表也统统是在他事业生涯的初期。此时,他遇到的一个困难便是隐私性的问题——虽然弗洛伊德总是会通过给他的病人起化名来掩盖其笔下人物的身份,但是世纪之交维也纳的知识分子圈子毕竟就那么小一点儿,读者们总是有可能会辨认出包含在某例个案研究中的那些私密的性方面的材料。弗洛伊德的病人们通常要么是他朋友的妻子,要么本身就是弗洛伊德用别的身份而结识的熟人。因为精神分析对于梦境和症状的解释,往往都会涉及姓名和地点的歧义双关,所以为了试图保护自己病人的隐私而同时又能保持这些专有名词的双重意义,弗洛伊德便不得不进行一些改变细节的复杂处理。一方面,出于医学的精确性,临床上的有些材料是必不可少的;另一方面,对于广大的读者而言,如果这些材料过于昭然若揭而暴露出个人的隐私,则肯定有违治疗的伦理。因而,在弗洛伊德涉及个案研究的作品中,隐私和泄密之间的这种关系问题可谓比比皆是。

　　《癔症研究》可以说是弗洛伊德最初涉猎个案研究的方法。然而,因为《癔症研究》里的案例都是在精神分析的方法尚未获得充分发展之前进行的,弗洛伊德和布洛伊尔当时仍然在使用催眠术和宣泄法,我在第 1 章里已经对此有所论及,故而这里不再作讨论。在弗洛伊德最初给《癔症研究》撰文写下其病人的那些故事之后,虽然他也会顺笔提及自己的一些其他案例(尤其是在他的那些早期著作里,诸如《释梦》等),但是他却仅仅记录了其中的六例个案以供发表。况且在这六例个案当中,还有两例不是他亲身经历的。在这两例二手来源的个案里,有一例是他对于因精神病而住院治疗的丹尼尔·保罗·施雷伯法官的分析。弗洛伊德虽然在现实中同他素未谋面,但是却根据施雷伯在其回忆录里记录的材料,就他的精神痛苦写就了一篇引人入胜的分析。因此,施雷伯的个案便是针对一则文本进行的精神分析式解读,而非针对其人本身进行的分析。从某些方面而言,相较于弗洛伊德其他的个案研究,施雷伯的案例与弗洛伊德对其他的文学艺术作品的解读有着更多的共通之处。另一例个案研究则涉及一位患有怕马恐怖症的五岁小男孩,亦即"小汉斯"(Little Hans)的案例,对于该例个案的分析也是隔着一段距离进行的。弗洛伊德只跟这个孩子有过一面之缘,因为他的父亲是弗洛伊德的追随者,因而有关这个男孩的怕马恐怖症的分析材料,大部分都是由他的父亲提供给弗洛伊德的。《小汉斯》本身也是一篇非常精彩的读物——弗洛伊德显然是非常喜欢他的这位隔代的小病人。小汉斯对其自身的生殖器和他父母的生殖器的那种迷恋与恐惧,帮助弗洛伊德阐明了自己有关阉割情结的诸多思想,以及有关婴儿由来的儿童性理论。同样值得注意的是,尽管小汉斯的双亲都是弗洛伊德的追随者,我们或许可以说他们都是那种受过教育的开明的家长,可是小汉斯还是在很小的时候被他的妈妈告知:倘若他继续手淫的话,医生就会割掉他的鸡鸡。重要的是我们应当记得,在 19 世纪末至 20 世纪初,孩子们往往都会遭到诸如此类的威胁,如此我们才能够理解,像弗洛伊德的阉割情结这样的思想,何以会出现在这样一种围绕着性欲的压抑的社会氛围之下。

61

除了《癔症研究》里的那些故事,弗洛伊德就只发表过四篇涉及他自己病人的个案研究,其中包括:仅仅接受了七周治疗便在 1900 年中断分析的"杜拉";在 1907 年接受治疗的"鼠人";在 1910

年开始治疗的"狼人",其个案曾受到(弗洛伊德与其他分析家)跨越 60 多年的追踪;另外还有涉及一位匿名少女的一例同性恋个案——另一例非常短程的治疗。这些个案当中的每一例,都有着其自身令人着迷的特征,也都经得起仔细的分析。在这一章里,我将就此四例个案进行分别讨论。为了方便论证,我会把弗洛伊德的这些个案划分成两类范畴:一类是长程的或"成功"的案例;另一类是短程的或过早脱落的治疗。巧合的是,这两类范畴似乎都自然地匹配于他对男人的治疗和他对女人的治疗。通过考察弗洛伊德(相对)成功的男性案例及其(相对)失败的女性案例,或许,我们便能进一步离析出弗洛伊德同涉及女人的那一核心问题之间的困难关系,也就是我们在上一章里看到的他问玛丽·波拿巴的那个问题:女人想要什么?

弗洛伊德的"兽人":鼠人与狼人

鼠人:《有关一例强迫型神经症个案的记录》(1909)

"鼠人"是一位 29 岁的律师兼军人,他的原名叫作恩斯特·兰泽尔,因为无法摆脱自己的那些令人烦恼的强迫性思想,他在 1907 年前来找弗洛伊德进行治疗。他有着一种持续不断的恐惧,害怕自己会用一把剃刀割断自己的喉咙。此外,他还有着一种挥之不去的强迫观念,担心某种可怕的事情会发生在他最关心的那些人身上。他的恐惧尤其是集中在这样的一种可能性上,亦即:某种灾难可能会降临于他的父亲或是他所心爱的女人。然而,在分析进行了一段时间过后,弗洛伊德却惊愕地发现,原来鼠人的父亲,这个令他如此担心会受到伤害的人,其实早已过世。他的父亲死于分析开始前的几年。

鼠人寻求分析的直接原因,乃至弗洛伊德给他取了这个奇怪昵称的缘由,都是源于鼠人曾经从与他共事的一位军官那里听到的一则故事。这位军官曾告诉他说,在中国有一种残酷的刑罚,行刑者会把一个装满老鼠的罐子栓在受刑者的屁股上:于是,这些老鼠最终便会钻进受刑者的肛门。鼠人带着极大的抗拒,挣扎着向弗洛伊德讲述了这则令他苦恼至极的故事。他几乎是无法说出话来。在听说此种鼠刑之后,鼠人便无法摆脱让自己去想,这样的惩罚也会发生在某个跟他亲近的人身上。然而,弗洛伊德发现,在鼠人的嫌恶与恐惧之中,却混合有一种不同的反应:"凡是在他讲述自己故事的那些比较重要的时刻,他的脸上都会浮现出某种奇怪的、复合的表情。我只能将其解释为对他自己未曾觉察到的那种其自身的快感所感到的恐惧"(Freud 1909:47-8)。

在对鼠人进行治疗的过程中,弗洛伊德逐渐明白,强迫强制性障碍的关键之一,便是存在着一些极端矛盾的情感,指向了那些在意识层面上所爱慕和所钦佩的人。因而,弥漫在鼠人脸上的那副神情,亦即"对他自己未曾觉察到的那种其自身的快感所感到的恐惧",便表达了在他有意识的嫌恶与无意识的欲望之间所发生的情绪性骚动。虽然此种快感可以被看作是带有施虐性的(亦即想要把这一惩罚施加在别人身上的一种隐秘的欲望),但是它同样可能也包含有一个受虐性的元素(这个故事会令他产生性的兴奋;想象他自己被插入的情欲性刺激,同插入方式的恐怖是结合在一起的)。因此,在意识层面上无法接受的那种想要伤害他人的欲望,便跟另一种想要为这些令人难以接受的想法而惩罚他自己的欲望形成了冲突。

鼠人对于某种可怕的灾难会降临到他父亲头上的那些强烈的恐惧,即便是在他的父亲过世以后,也同样联系着他指向自己父亲的那些敌对的情感。正如神经症患者那样,强迫症患者也会产生他无法在意识层面上接受的种种愿望与强烈的情绪反应。于是，他便会把这些愿望转向相反的方向：鼠人可能想把痛苦施加于别人的这个想法令他感到罪疚不已，就好像他确实是对那人做了什么似的，而不仅仅是在幻想着此事的发生。于是，为了保护受他威胁的爱的对象免于他自己内心的暴力和恐怖，鼠人便建构出了一个信念系统，在此系统当中，只有他的那些经过小心控制的想法，亦或是他的那些强迫性的行为，才能够保护受威胁者的安全。

譬如像父亲这样的一位权威式人物，虽然可能在现实中过世，但仍旧会作为一个令人恐惧的惩罚性的父性形象而继续活在他孩子的无意识当中。弗洛伊德发现，强迫症患者会拒绝把思想跟现实分离开来。他们坚信他们自己的思想具有掌握他人生死的力量。孩提时，鼠人便相信他的父母会知道他自己并未告诉他们的那些的想法和幻想，他也相信这些想法的不道德会招致惩罚。在年幼的鼠人看来，他所爱的人必定会因为他所具有的那些性的冲动而遭受到惩罚。例如，如果他希望看到一个赤身裸体的女人，这个愿望便会继之以一种不可动摇的感觉，亦即：他的父亲可能会因为此种愿望而死掉（Freud 1909:43）。

为了避免中国式鼠刑的那些想象出来的灾难性后果——为了避免这种酷刑发生在他的父亲和他心爱的女人身上——鼠人便发展出了其复杂程度令人难以置信的一系列规则和仪式化动作，要求自己去遵守它们。弗洛伊德在他的案例报告里重述了鼠人仪式的种种细节，它们全都带有某种宗教性与自我惩罚性的特征——他自己设计出来的这些强迫性行为，全都是旨在规避其自身的那些充满敌意的愿望的潜在实现的可能性。在现实中，当鼠人的父亲尚且健在的时候，曾对鼠人心爱的那位女子有过批评的看法。弗洛伊德根据他有关俄狄浦斯情结的理论发现，即便是在他的父亲过世以后,鼠人也还是会把他的父亲看作一个干涉自己恋爱关系的满怀敌意之人。然而,他也依然会怀有自己童年时期对于父亲这一形象的爱慕、钦佩和恐惧的感觉,这些情感同样也要求他去取悦自己的父亲。

在此,或许我们最好是举一个例子,来描述此种复杂的情绪混合是如何表现在一位强迫症患者的身上。在鼠人的众多仪式里,有一则形成于他在复习准备大学考试的时候。每到半夜 12 点至凌晨 1 点之间,他总是要确保自己是在醒着学习的——他想象自己的父亲(当时已经过世了)可能会在这个时间段以鬼魂的形态而出现。在半夜 12 点至凌晨 1 点之间,鼠人会为他的父亲打开自己宿舍的前门,然后再重新进入自己的房间,站在镜子前面掏出自己的阴茎来观看。根据弗洛伊德的见解,这种古怪的行为是有其心理意义的,如果我们把它看作是结合了两种相互对立的愿望的话。当鼠人的父亲尚且健在的时候,他常常会抱怨说自己的儿子学习不够努力。借由想象他的父亲在这么晚的时候回来而发觉他还没有睡觉且在学习,鼠人便把一种取悦他父亲的幻想纳入了他的夜间仪式当中。另一方面,他的父亲回家发现自己的儿子在手淫时是否会高兴,这一点也是颇值得怀疑的。就其行为中的此一方面而言,鼠人即是在公然反抗他的父亲,也是在挑衅他的父亲对他恋爱生活的不赞同。一个强迫性动作竟然同时携带着指向其父亲的爱恨情感的比重——这不仅再度证实了弗洛伊德有关男孩子会在俄狄浦斯情结中同父亲进行对抗的思想,同时也体现了在强迫症患者的幻想中的每一元素里都存在着某种矛盾性的冲动。

关于鼠人强迫性活动的另一个例子,同样展现出了精神分析式解读的潜能。一年夏天,鼠人正在度假的时候,从他的脑海中突然冒出了一个令他无法摆脱的强迫性念头:他觉得自己太过于肥

64

胖而不得不减肥。为了减肥,他开始跑马拉松,爬那些崎岖陡峭的山坡,略过餐后甜点,等等。跟弗洛伊德的一次会谈,让鼠人产生了一连串丰富的联想:德语中表示"肥胖"的单词是"dick",而"迪克"恰好又是他的一位美国堂兄的名字。于是,鼠人便浮现出了这样的一则联想:他的堂兄曾经特别关注令鼠人自己也魂牵梦绕的一位年轻貌美的女子。因而,当鼠人试图摆脱他的"肥胖"时,他实际上是在试图摆脱他的堂兄"迪克"——通过他那带有严酷惩罚性的体能强化训练,他便可以被看作在同时惩罚他的堂兄和他自己。

弗洛伊德曾把鼠人看作自己最成功的一例个案。他揭示出了鼠人与其童年性冲动存在困难关系的根本原因——他跟一位家庭女教师进行的性探索,以及他担心父亲倘若发现便会暴怒的恐惧——从而成功地使鼠人摆脱了那些令他痛苦不堪的重复性观念。弗洛伊德就鼠人个案给出的最后一则脚注,即表明了存在于内部现实与外部现实之间的那种显而易见却又充满悲剧性的距离,此种距离也是强迫症患者自己在一开始无法认识到的。关于这则个案,弗洛伊德在最后一处脚注里写道:"经由我在以上篇幅中所报告的分析,病人恢复了他的心理健康。然而,就像很多其他有价值和有前途的青年一样,他在大战中阵亡"(Freud 1909:128)。因此,第一次世界大战便阻止了我们有可能去发现鼠人是否维持住了他那来之不易的心理健康——历史中断了他的精神分析治疗。

弗洛伊德同鼠人的工作,既在一方面表明了令强迫症患者感到痛苦不堪的那些仪式何以会呈现出彼此冲突的双重欲望,又在另一方面表明了这些仪式何以会取决于把内部世界区分于外部世界的困难——尽管鼠人的父亲早在他开始分析的多年以前即已过世,然而,作为一个惩罚性的权威人物,他仍旧存在于孩子的精神世界之中。弗洛伊德的另一位病人，亦即"狼人"，同样表现出了一些强迫症性的恐惧和焦虑，此外也还有很多其他的症状。如果说鼠人的心理健康状态，因为他过早的离世，而终究是永远也无法查明的话，那么狼人则或许在他作为弗洛伊德最著名的病人的身份阴影笼罩之下，活得又太久了一些。

狼人：《出自一例幼儿神经症的历史》(1918)

弗洛伊德的另一位取名怪异的病人，亦即"狼人"，在现实中是一位富有的俄罗斯青年，他的原名叫作谢尔盖·潘柯耶夫(Sergei Pankeiev)。潘柯耶夫曾因其持续终生的抑郁和强迫症状而接受过弗洛伊德与其他分析家的治疗。他一直活到了1979年，据说他在接听电话的时候都会以"这里是狼人"来应答，也就是说，他自己接纳了弗洛伊德把他变得异常出名的这一身份。

"狼人"的名字源出于他小时候曾做过的一个噩梦，这个噩梦导致了他的怕狼恐怖症。在他的梦里，他因为看到有六只还是七只白色的狼栖息在他卧室窗外的一棵胡桃树的树枝上而受到了惊吓。弗洛伊德把这个梦看作是在整个童年早期使他的病人患上神经症的根本原因；他和狼人花费了大量的分析时间来对这个梦进行分析。通过对狼人的狼梦及其所导致的恐怖症进行一种极端复杂而又(不得不说是)常常不足以令人信服的解释，弗洛伊德声称，这个梦是狼人在他还是小孩子的时候——或许是一岁半左右——所目睹的一幕场景的扭曲：亦即，他的父亲从背后同他的母亲进行性交的那一幕。这个孩子对其父母的观看，于是便锁定在了性交的场面之上，弗洛伊德将其称作"原初场景"(primal scene)，同时他还指出，这个场景是对于俄狄浦斯情结的一个可能的触发点。然而，即便在此例个案本身的界限内，弗洛伊德也还是反复地在原初场景的状况上摇摆不定——他一会儿指出婴儿必定曾真实目睹过此幕场景,一会儿又声称孩子可能只是在幻想其父母的性交活动。不管怎样,弗洛伊德总是会回到有关视界(亦即:小孩子实际看到的事情与仅仅是小孩子想象的事情)的这一问题上来,而且往往也都带着冲突的回答。

对于弗洛伊德而言,狼人的个案研究坚定地支撑了他有关幼儿性欲的那些思想,以及神经症(正如我们所知道的那样,神经症总是包含有某种性欲的成分)可能早在童年早期便已有所发展的观点。在幼年时,狼人曾经历过一段虔敬的强迫症时期,这段时期也吻合于他对狼和其他动物的过度恐惧。他记得自己的姐姐曾用一张画有狼的特殊图片来捉弄他。借由精神分析的技术,弗洛伊德得以探知,在狼人很小的时候,他的姐姐曾诱使他进行过一些性方面的实践。尽管他的姐姐在现实中比他更具有主动的攻击性,然而,在他自己的幻想中,狼人则会把他自己想象成主动攻击的一方,而把他的姐姐想象成他自己殷勤的被动接受者(Freud 1918:248)。

正如在《鼠人》中的情况那样,弗洛伊德也在狼人的个案中发现,在主动性的欲望与被动性的欲望之间存在着一种连续的摆荡。因而,弗洛伊德便猜测说,小孩子可能会将其父母性交的场景曲解为父亲施加在母亲身上的某种攻击,从而相似地上演了有关主动性与被动性乃至爱慕和施暴的这些波动起伏的焦虑。这些早期的性的困扰,当然会被看作童年病理学乃至在日后发展起来的成年病理学的核心之所在。

狼人个案中的一个引人注目的方面,便是弗洛伊德的那些分析性和修辞性的技术。他必须使两种受众信服于其解释的有效性:亦即,他的病人和他的读者。有的时候,弗洛伊德用于解释狼人的狼梦的那些方法,似乎便依赖于某种颠三倒四的、几乎像是《爱丽丝梦游仙境》一般的逻辑。例如,狼人说他梦里的狼都是全然静止不动的带着"紧张的专注"在注视着他(Freud 1918:263)。于是,经由梦中逻辑的扭曲,弗洛伊德便把狼的静止不动转换到了它的对立面——从而宣称:狼人肯定是清醒地目睹了那一幕剧烈运动而非静止不动的场景;肯定是狼人自己在专注地凝视那一场景,而非他自己被注视。从这些贫乏的原始材料当中,弗洛伊德便建构出了他宣称孩子必定曾经目睹过的那一幕强有力的原初场景。

因而,弗洛伊德就狼人的狼梦而给出的这样一种解释,便涉及我们怎样理解**建构**(construction)对于精神分析而言的重要性。

建构

建构是由分析家作出的某种可能看似牵强附会且远离直接分析材料的解释。建构的目的在于提出那些遭受压抑的童年期材料,这些材料要么可能是病人过去的真实经验,要么可能是病人过去的幻想,但是对于病人的日后发展而言,它们却包含有某种重要的意义:"追溯到这样一个较早的时期……并进而宣称那些对于个案的历史具有这样一种非凡重要性的场景〔例如,狼人目睹其父母性交的场景〕,通常都不是通过回忆而重现的,而是从一系列迹象的集合中逐渐并费力地推测——建构——出来的"(Freud 1918:248)。

67

关于这则个案,很多后来的读者都曾质疑过弗洛伊德有关狼人梦境的解释,甚至也包括狼人自己在内,在他日后生活中的一次访谈中,狼人便公开否认自己完全相信弗洛伊德的解释。回顾既往,精神分析对于狼人所产生的任何积极的影响,似乎更多与狼对于弗洛伊德的转移有关,而较少与弗洛伊德对其病人的早年生活和童年神经症的正确解读有关。对于狼人而言,弗洛伊德充当着一位父亲的角色,给他借钱,给他建议,等等,诸如此类的这些行为搁到现在都是不为分析家们所接受的,分析家们如今都期待可以跟他们的病人保持亲密关系上的距离。至于狼人梦境的这则解释,或许完全就是弗洛伊德的创作。

　　狼人的个案从来都不像案例报告中所写的那样,是弗洛伊德在治疗上的成功案例。在其余下的生活中,狼人一直都在接受强迫性神经症和抑郁症的治疗,而且事实上,他似乎也发展出了某种认同,固着在了自己身为弗洛伊德最著名的病人,且因他的疾病而名垂千古的这一身份角色之上。尽管在治疗上有其不足之处,但是自狼人个案中产生的这些思想,对于精神分析理论同实践的进一步发展而言,却是至关重要的。譬如建构的概念,确定童年记忆和梦境材料究竟是现实亦或幻想的状况在理论上产生的困难,乃至分析家的暗示可能会对病人产生怎样的影响的问题,精神分析的这些核心难题全都是由狼人的个案研究所提出的。狼人和鼠人都是让弗洛伊德耗费了不少时间和精力的个案;弗洛伊德对其病人的同情和父亲般的关爱,乃至他有时候对其病人的创造性和他们面对疾病时的毅力所产生的钦佩,这些全都在他试图削弱他们神经症问题的那些讨论之中体现了出来。公允地说,弗洛伊德在很多时候都会认同于其男性患者的那富有创造性但却饱受折磨的疾病。然而,在弗洛伊德有关女性的个案研究中则呈现出了一种全然不同的态度,我们现在便会转向这一主题。

68

弗洛伊德在女人方面的困扰:杜拉以及一例女性同性恋个案

杜拉:《有关一例癔症个案的分析片段》(1905)

弗洛伊德根据他在 1900 年看过的一位病人,于 1901 年最初记录下了"杜拉"的个案。杜拉的原名叫作艾达·鲍尔,在现实中是一位十八岁的女孩,她的父亲在违背她自己意愿的情况下把她拖来见弗洛伊德。她患有反复性的抑郁、阵发性的咳嗽、昏厥以及周期性的失声等,此外还有很多癔症性的症状。她变得回避过去曾与她关系非常亲密的父亲,而她跟自己母亲的关系也非常糟糕。父母在她的书桌上发现了一封表明她有自杀企图的信,接着她的父亲便把她拖来见弗洛伊德。弗洛伊德很快便发现,这个女孩是卷入了某种在性方面和情感上错综复杂的三角关系(亦或四角关系)——尽管不是她自己造成的——这样的关系显然对她造成了深深的影响。

杜拉个案的大致情况如下:杜拉一家(尤其是她父亲和她自己)同一对夫妇(K 先生与 K 夫人)交往甚密,他们结识于杜拉的父亲曾尝试治疗其肺结核的一处疗养胜地。杜拉清楚 K 夫人与自己的父亲有染,这一点很早便在分析当中呈现了出来。不过,K 夫人也是杜拉的亲密朋友,杜拉会帮忙照顾 K 家的孩子们,变成了"几乎是他们的母亲"。杜拉跟 K 先生的关系也非常亲密。在她十四岁的时候,K 先生曾向杜拉大献殷勤,提出性的要求,被她轻蔑地拒绝了。然而,这件事情似乎并未在两家人之间的总体交往上产生多大的影响。两年后,K 先生再度向杜拉求爱,她也是再度作出负面的反应,再一次的癔症症状发作。也就是在这个时候,她的父亲带她来见弗洛伊德。

杜拉疾病的背景——她的那些错综复杂的家庭关系——读起来就像一部维多利亚时代晚期的情节剧,充满了性的私通和不可言喻的猜忌。杜拉把自己的家庭故事讲述给弗洛伊德,从而揭露出围绕在她周围并迫使她不情愿地待在此种关系事件模式下的那些成年人之间的性勾当。杜拉告诉弗洛伊德,她觉得她的父亲与K夫人把她献给了K先生来让他得到慰藉;如果K先生同意忽视K夫人与杜拉父亲的奸情,那么杜拉的父亲就得交出杜拉以供K先生取乐。至此,这个故事读起来就有些龌龊下流并令人不安了,毕竟这些事件中的大多数都发生在一个年仅14岁到16岁的女孩身上。弗洛伊德采信了杜拉关于这些事件的说法——他显然是不相信杜拉的父亲所提供的版本,亦即:杜拉只是幻想着K先生的求爱。然而,弗洛伊德自己也是把杜拉当作交换对象的这些有权有势的成人链条上的一环。弗洛伊德描述了杜拉的父亲怎样“把她移交给我做精神分析治疗”(Freud 1905a:49)。通过这样的“移交”,弗洛伊德也同样变成了杜拉戏剧中的一位演员,改编了她的故事以符合自己精神分析理论的需要。

不像弗洛伊德同鼠人或狼人的医患关系,打从一开始,在杜拉跟弗洛伊德之间便产生了一种剑拔弩张的关系。杜拉的个案研究向来都被看作是杜拉与弗洛伊德两人之间争相讲述杜拉癔症故事的一场博弈。弗洛伊德对于杜拉的治疗,尽管读起来引人入胜,但也常常令人感到相当的心烦意乱。在我早前有关《癔症研究》的讨论中,我谈到过癔症患者是如何因其记忆上的裂隙而痛苦的。她们遗失或是丢失了自己受到压抑的欲望的那些创伤性的起源。她们自己往往也看起来像是一些支离破碎的人,无法运用她们本国的语言,有时甚至无法运用她们自己的四肢。精神分析疗法的一项目标,便是旨在帮助填补存在于女性癔症患者的故事里的这些缺口或裂隙——让她们的故事变成是她们自己可以解读的。通过倾听病人就她的梦境和自由联想所说的东西,使弗洛伊德得以就病人的心理内容和病人的躯体反应提出一些新的说法。然而,正如我们在狼人那里看到的那样,在这种活动当中也同样存在着某种危险;分析家想要讲述的有关病人的故事,可能并不总是一致于病人自己所讲述的故事。因为分析家声称自己能够解开那些无意识的秘密,以致他可能看起来在与病人的关系上是相当具有权威的;他的故事可能会显得是更令人信服的版本,特别是当他的故事有给人印象深刻的医学诊断和正式的病例报告的时候,则更是如此。

弗洛伊德写作的杜拉个案,就包含有杜拉不同意他的解释的很多时刻。其中最关键的一个例子,便是弗洛伊德向杜拉坚持声称她其实是爱上了 K 先生,而她的癔症便部分地源自于她压抑了自己对他的情感。尽管在治疗的大部分时间里,杜拉都否认弗洛伊德的此种解释,然而她最终还是向他的解释屈服了,因此治疗的大部分读起来都像是一场意志力的较量。例如,他发觉杜拉在 14 岁时对 K 先生向她求爱的厌恶反应"已然完完全全是癔症性的"(Freud 1905a:59)。杜拉必定是受到了 K 先生的吸引,弗洛伊德作出了如此的推断(甚至不无钦佩地声言 K 先生是一位非常有魅力的男人),可是她又为何会对他的求爱嗤之以鼻呢?根据弗洛伊德的说法,这是因为她对他的反应经过了一种癔症式的情感反转,她压抑了自己对于 K 先生的欲望,并且作出了与其无意识的欲望相反的反应。

我强烈推荐大家去读一读弗洛伊德有关杜拉梦境的解释,因为它们皆展现出了弗洛伊德高超的侦探技艺。不过,弗洛伊德的这些解释看起来却也有些残忍、逼迫和冷漠无情。尽管杜拉一再抱怨说她回想不起来自己对 K 先生怀有像弗洛伊德坚持声称她肯定是感觉到了的那些情感,可是,她的这些抱怨却反而导致了弗洛伊德更加变本加厉地去强调分析家因为能够深入无意识的底层而在解释性的力量上更胜一筹。如果杜拉说"不",她其实是想说"是",因为"根本不存在无意识的'不'这样的事情"(Freud 1905a:92)。弗洛伊德指出,杜拉对于任何事情所产生的任何联想,都可以转而证明他的这一观点。任何的抗议,至少是在杜拉的个案中,都会被弗洛伊德归档在阻抗或者压抑——某种无意识的观念尚未化作意识——的名目之下。似乎,阻抗在精神分析中确实是白费力气,至少如果你们是杜拉的话。

　　法国精神分析文学批评家埃莱娜·西克苏[1]把杜拉描述为"女性抵抗力量的核心典范"(Bernheimer and Kahane 1985:1)。从某种意义上说,杜拉通过抛弃了弗洛伊德而变成了一位女性主义的英雄典范。她的个案之所以残缺不全,恰恰是因为她拒绝完成自己的分析。如此一来,她就拒绝了给弗洛伊德以讲述完整故事的可能性。在弗洛伊德出自《癔症研究》的一例较早的个案中,亦即"伊丽莎白·冯·R"的案例,他宣称"整个工作当然都是基于某种期待,亦即期待有可能给所构想的那些事件建立一套完全充分的决定因素"(Freud and Breuer 1895:207)。此种假设即意味着,一系列的事实——倘若分析家能够获得有关这些事实的了解的话——将会对一例癔症个案的诸多决定性因素产生一种完整的理解。然而,正如我们在弗洛伊德有时针对释梦的矛盾态度中所看71　到的那样,精神分析的理论化也可能会质疑我们能够获得"一系列的事实"的可能性。

显然,在由弗洛伊德所写就的此例个案研究的范围里,杜拉似乎是对弗洛伊德的掌控感,以及他宣称自己完全了解杜拉的说法提出了抗议。最终,杜拉告诉弗洛伊德说她要离开了,并且以下面的话来作为她一次分析的开场白:

> "你可知道我今天是最后一次来这里吗?"——"对此你什么也没跟我说过,我又怎么会知道呢?"——"是啊,我本来是决定坚持到新年的时候再说。可我不想再等那么久来接受治疗了。"——"你知道,你有自由在任何时间停止治疗。不过今天,我们还是要继续我们的工作。你是什么时候作出这个决定的?"——"我想,是两个星期以前。"——"听起来就像是一位女佣或者家庭女教师——两个星期的警告。"
>
> (Freud 1905a:146)

因为杜拉拒绝再继续参与分析的场景,弗洛伊德便发觉他自己处在了一位被解雇的女佣或者家庭女教师的位置上,变得女性化而且像佣人一般的无力。杜拉的个案可以被看作是在极富吸引力的演员阵容(弗洛伊德、杜拉、杜拉的父亲、K 先生与 K 夫人)之间展开的一场权力斗争——争夺由谁来控制叙事并规定发生事情的真相以及杜拉癔症的真正原因。

杜拉最深层的愤怒在于,当她跟父亲讲述 K 先生的求爱时,她的父亲并未相信她的话:

> 在她父亲的种种行径中最让她怨愤的,似乎就是他准备把湖边的那一幕场景看作她想象的产物。她父亲认为她只不

过是在幻想那个场合下的事情,这种想法几乎令她崩溃。

(Freud 1905a:79)

弗洛伊德在"杜拉"身上运用精神分析的困难,即在于他先是承诺了治疗师会倾听癔症患者的故事并对其进行工作,接着又打破了这样的承诺。一方面,弗洛伊德认识到,确实会发生一些性方面的奸情,有的时候会牵涉到年轻的女孩跟年长的男人,而且在维多利亚时代晚期的社会中,除了坦率到厚颜无耻的分析家们之外,似乎人人都在掩盖这些性丑闻的方面有着某种既得利益。弗洛伊德是带着一定的尊重来对待杜拉的故事的;他相信杜拉在她父亲的奸情中被用作了某种交易的筹码,并且他还相信,理解杜拉、K家与杜拉父亲之间的事件,将是理解杜拉的疾病并对其进行治疗的关键。另一方面,由于弗洛伊德宣称自己拥有关于无意识的专业知识,导致他也声称自己要比杜拉本人更了解她的欲望所在,从而也就断言说她的欲望在 K 先生身上——一位年长的男人,作为她自己父亲的替代者。当杜拉离开治疗并拒绝再听弗洛伊德版本的故事时,她便是在促使弗洛伊德试图去理解他搞错了的事情,也就是他在杜拉的欲望上并不理解的事情。

对于弗洛伊德而言,从治疗杜拉的失败中产生的积极的发现,便是他对转移有了更加充分的认识。如果你们回想一下,便会想起转移是在分析期间被唤起并导向分析家的那些冲动和幻想。用弗洛伊德的话说,这些冲动和幻想总是会"以医生这个人物来取代某个先前的人物"(Freud 1905a:157)。弗洛伊德意识到了他疏于考虑杜拉在他身上产生的是怎样的转移——通过放弃自己的治疗,杜拉实际上是将她对 K 先生的敌意付诸了行动——只是这样的认识来得太晚了些。相较而言,弗洛伊德未能认清的其实是他对杜拉产生的转移(亦或反转移)。通过把弗洛伊德对杜拉的攻击性反应比较于他对鼠人的支持性讨论,我们便可以看到,在弗洛伊德的每一例个案中都运作有非常不同的情绪。

在有关此例个案的一处脚注中,弗洛伊德也同样认识到了他所认为的促使他在杜拉个案上失败的另一个因素。他意识到自己高估了杜拉对于男人(亦即:她父亲与K先生)的情欲性和情感性依附,而低估了她对一个特殊女人(亦即:K夫人)的情欲性依附。显而易见的是,杜拉对于性方面的事情的了解都是透过K夫人而获得的,她们的关系亲密,杜拉可能是觉得遭到了她的背叛,就好像是遭到了自己的父亲和K先生的背叛那样。在个案报告的最后,弗洛伊德终于承认了他自己对这一事实熟视无睹:"我未能及时发现并告诉病人她对K夫人的同性恋(亲女性)之爱,是她心理生活中最强烈的无意识趋向"(Freud 1905a:162)。同性恋是对于弗洛伊德而言的一大难题,但既不是因为他拒绝承认同性恋的存在,甚至也不是因为他把同性恋看作一种病理性的疾病。正如我们在上一章里就弗洛伊德的《性欲三论》所看到的那样,他认识到了朝向异性恋的发展并不比朝向同性恋的发展更加"自然"或是必然。但是,他有关性欲发展的叙述——俄狄浦斯情结——却仍旧导致他支持异性恋的依恋的优先性,而轻视了同性恋的依恋。接下来的一例个案研究,便突显了同性恋乃至精神分析如何着手对其进行处理的问题。

73

《一例女性同性恋个案的心理发生学》(1920)

弗洛伊德发表的最后一则案例,涉及一位18岁的同性恋少女,她也是在一次企图自杀之后被带来见弗洛伊德的。在当时,同性恋是被法律宣告为犯罪的行为,而医学专业和新近出现的性学专业也都将其当作一种疾病来加以诬蔑。尽管也有一些表示同情的评论者对此规则提出了异议,然而同性恋往往充其量也还是被当作一种需要同情、怜悯和可能的治疗的疾病来看待,以便促使同性恋者承认其错误的行径(见:Weeks 1980)。至于弗洛伊德对此持有怎样的态度,则需要根据围绕在他周围的那些态度而置入相关背景下来研究,唯有如此,我们才能理解他对这位少女的态度的某些更令人印象深刻的方面。

像杜拉一样,"一例女性同性恋的个案"(这个案例的称呼通常都是如此)也涉及一位并非自愿的分析者。这个女孩并不觉得她需要什么精神分析的治疗,因此抵抗来见弗洛伊德。正如弗洛伊德所指出的那样,病人的不情愿可能会大大地减少精神分析成功的机会。女孩的父亲是在她跳到了郊区的铁轨上之后,才逼着她来见弗洛伊德的。直接先于这一事件的情况是,女孩的父亲在街上撞见了她正跟自己喜欢的一位女士在一起,而这显然使他露出了一脸愤怒和厌恶的神情。在对这位女孩的治疗上,弗洛伊德所取得的一项成就,便是他看出了这位女孩的自杀企图未必是跟她的同性恋有关,而是因为她觉得遭到了自己父亲的拒绝,所以才作出了这样的反应。换句话说,她的不幸并非因为她作为同性恋者的身份,而是因为她作为同性恋者的身份在当时可能意味着来自自己家族的排斥和驱逐。

弗洛伊德写到,尽管在此例个案中存在着很多因素,使得这个案例看似不大可能会通过治疗而得到解决,然而首要的因素,却是他并不觉得这个女孩是需要被治疗的,至少需要治疗的不是她的同性恋:

74

这个女孩无论如何都不是有病的(她本身并未患上任何疾病,她也并未抱怨她的健康情况)……而且我们所要执行的任务,也并非在于解决某种神经症性的冲突,而是在于把一组多样化的性欲生殖组织转变成另一组。

（Freud 1920a：375）

弗洛伊德意识到，起初致使女孩的父亲把她拖过来的这种想要"治疗"她的同性恋的欲望，其实是一种被放错了地方的欲望。弗洛伊德指出，精神分析所能做到的最大限度，便是恢复原始的童年双性恋的感觉，可即便是要做到这一点，也是相当不大可能的。因为，像异性恋一样，同性恋也会涉及选择放弃一个爱的对象（要么是母亲，要么是父亲）而保留另一个对象，两种发展路径在结构上并没有截然区分的显著性差异：

> 我们必须记住，正常的性欲同样取决于某种对象选择上的限制。一般而言，试图把一个充分发展的同性恋者转变成异性恋者，除了挫败之外，并不会提供更多成功的前景，除非出于一些良好的实践性原因，否则后者是从来不会被尝试的。

（Freud 1920a：375-6）

这些"实践性"的原因并非"自然性"的原因。显然，相比于同性恋者的身份，异性恋者的身份更容易生活在 20 世纪初的维也纳的世界（当然，也更容易生活在 21 世纪初的欧洲和美国的世界）。弗洛伊德强调这两种性态度是视情况而偶然发展起来的，他指出它们是大致相当的，并且提出两者皆取决于某种对象选择的排除。弗洛伊德并非根据其正常亦或病态而对同性恋和异性恋加以判断；相反，两种性取向都被看作是人们在意识和无意识层面上作出的选择。精神分析宣称对性别选择作出的全部贡献，便在于它对这些选择产生自怎样的家庭动力学进行了分析。

　　弗洛伊德在分析的过程中发现,这个女孩早期的强烈爱恋对象是她的母亲;为了赢得自己母亲的爱,她曾决定把自己变得像一个男人那样。根据弗洛伊德的分析,这个女孩看似在感情上对她的父亲有所保留,然而事实上她却对他怀有报复和憎恨的情感。弗洛伊德恼火地发现,对于分析和他的洞见,她同样表现出了像她对她父亲那样的无动于衷的态度:"有一次,当我跟她讲解一个非常特别的理论部分时,这个理论部分几乎就是涉及她的,她却带着一种无法模仿的语气回应道,'多么有趣啊',简直就像是正在接管博物馆的一位贵妇人,透过自己的单片眼镜匆匆扫了一眼她完全漠不关心的物件"(Freud 1920a:390)。像杜拉一样,这位病人的阻抗(亦即她抗拒弗洛伊德对其处境的这些解读)似乎也惹恼了弗洛伊德——他因其听众的这样一种毫不掩饰的无动于衷而被拉下了主人亦或是全知的分析家的位置。弗洛伊德指出,这个女孩是把她对自己父亲的情感转移到了弗洛伊德的身上,并且以同样冰冷的蔑视性的眼光来看待他。因为这样的不屑一顾,其他更具情绪性卷入的转移类型便无法得到发展。因此,弗洛伊德在一段很短的时间过后便中断了治疗,并且建议这个女孩的父母应当送她去见一位女性医生,可能会令她更愿意发展出一些正性的转移。

　　"一例女性同性恋的个案"虽然简短,但却是一例非常有趣的个案研究,因为这个案例同时展示出了弗洛伊德具有力量的一面与他具有缺陷的一面。他在理论上对于同性恋持有的态度,是非病理学化的,也是富有同情心的。然而,他在实践上对其女病人持有的态度,譬如杜拉和这位十八岁的同性恋少女,却泄露出了他与女性特质问题之间的一场困难的角力:弗洛伊德无法使其女性患者的过去记忆完全符合他有关俄狄浦斯情结的理论。

小 结

弗洛伊德的个案研究是看待他最才华横溢的那些解释策略和文学技巧的最好的位置。他的分析皆是强大且雄辩的修辞篇章,可谓充满了心理学的洞见,尽管如我们所见,它们也同样可能看似野蛮且带有逼迫性。根据弗洛伊德,"鼠人"的强迫强制性障碍是对一系列矛盾情感的搬演,这些情感特别指向了他亡故的父亲;罪疚和憎恨与钦佩和羞愧携手同行。至于"狼人"在儿时梦见他窗外有狼的梦境,则贡献了原初场景的概念,并进一步催生了有关记忆和建构在分析中的相对重要性的持续争论。"杜拉"与"一例女性同性恋的个案"则展示了弗洛伊德在实践上对这些年轻女患者的处理失当,同时也表现了他对于解释的理论天赋。弗洛伊德在最后之所以会停止个案研究的写作,可能是因为他其实更感兴趣的是他的理论,而非他的实践。在 1920 年之后,弗洛伊德的很多理论著作都是在对精神的塑形和运作加以理论化和系统化。弗洛伊德的这些思想通常都回到了这样一种观念:身体性的过程可以根据本能能量的流通和分布——本能冲动的增加和减少——来衡量。至此,我将转向弗洛伊德在给心灵运作绘制地图方面的思想,也即他通常所谓的经济学理论。

弗洛伊德的心灵地图

弗洛伊德是一位特别偏好二元论式说明的理论家:他会把问题统统划分成两种对立的力量,或者两种对抗的因素。冲突恰恰是精神分析思想的核心之所在——正是意识与无意识欲望之间冲突的战争引发了压抑,从而导致了神经症的发生。孩子对自己的父母怀有既爱又恨的矛盾情感——这些暴力性和情欲性的情感,在幼年时期往往是相互伴随的。正如我们在弗洛伊德的个案研究中所看到的那样,如果这些情绪没有得到令人满意的解决,那么这些相互抗争的力量便会给成人的精神痛苦打下根基。这些对立的情绪和冲动的共存,是精神分析理论上的一个恒定的主题(见"矛盾情感"的定义:第53页)。

在1910年代末至1920年代初,弗洛伊德大幅修订并重新思考了精神分析的理论。他改变了自己关于是什么构成了人类的原始本能冲动的思想。尽管他对二元论式说明的欲望,导致他简化了自己用以工作的很多术语,然而他也常常发觉到会给自己的二元论概念再增添一种另外的说法。在本章的内容里,我将涉及精神分析如何转变这些心灵地图的问题,同时也会涵盖弗洛伊德试图就人类的精神生活创造出一种整体化说明的术语学。我会聚焦于弗洛伊德相互关联的两个主要的模板:本能与精神装置的结构,弗洛伊德把后者划分成了自我、它我与超我,这些术语虽然众所周知,但也经常遭到误解。"本能"(instinct)一词是在弗洛伊德著作的英文标准版中被用来翻译德文的"Trieb"一词的术语[1]。然而,为了把弗洛伊德的本能概念区分于动物的本能,人们现在更常用"冲动"(drive)来翻译德语的"Trieb"。在本章里,我始终都把"冲动"和"本能"用在可互换的意义上。

然而,在我开始说明这两个图式之前,我想首先提请大家注意,弗洛伊德在绘制心灵地图的欲望上有一个有趣的悖论。在试图对性欲及其伴随的能量加以系统化和范畴化的时候,弗洛伊德往往看似设置了一系列的普遍规则——有关人类性欲之运作的一种科学化的解释。然而,在这么做的时候,他和 19 世纪的其他性学家却不断地借用了一些来自文学的名词——譬如:以《俄狄浦斯王》(*Oedipus the King*)命名的"俄狄浦斯情结";以神话人物"纳喀索斯"(Narcissus)命名的"自恋"(narcissism);以热衷惩罚的色情小说《穿裘皮的维纳斯》(*Venus in Furs*)的作者萨克-马索克(Sacher-Masoch)命名的"受虐狂"(masochism);还有以法国卧室哲

---

1 弗洛伊德的"冲动"(Trieb)是介于精神与身体之间的一个临界概念,包含"推力"(亦即无法逃避的内在兴奋给神经系统造成的压力)、"来源"(亦即身体的边缘部位,诸如口腔和肛门等爱欲生成区)、"目标"(亦即冲动旨在获得满足的目的)与"对象"(亦即冲动借以获得满足的对象)四个要素,前两者是身体性的,后两者是精神性的。弗洛伊德将他的冲动理论称作一种带有神话色彩的理论,然而,英文标准版的译者詹姆斯·斯特雷奇却因为想要把弗洛伊德的"冲动"符合于当时心理学中的生物学取径,而将其错误地译作"本能",如此也导致了英文世界对于"死亡本能"概念的长期拒绝,但是根据相关论者的统计,弗洛伊德的德文原著中论及"本能"(Instinkt)的地方仅有五处,也就是说,弗洛伊德并非以纯粹生物性的"本能"来构想人类行为背后的动机。——译者注

学家萨德侯爵(Marquis de Sade)命名的"施虐狂"(sadism)。文学性的故事看似不太可能是引申出某种科学解释或者科学体系的着眼点。文学被刻板地看作科学的反面——文学更关注的是幻想而非真相,况且它也不受制于某种准确性的需要。即便我们是在着手研究更具"科学性"的弗洛伊德,但是弗洛伊德经常会在文学的领域中找到其性欲理论的灵感和想法的这样一个事实,也应当使我们注意到这两种研究取径是如何产生相互影响的(Felman 1977a:9)。

自恋、自我与它我

"自恋"原本是弗洛伊德用来描述某人把爱指向自身而非指向他者的性态度的术语。纳喀索斯是爱上了自己的水中倒影的一位古希腊神话人物,他一动不动地凝望着自己的形象,直到最后才发觉自己竟化作了一朵水仙花。像弗洛伊德的很多术语一样,"自恋"刚开始也带有性倒错或病理性的内涵,然而随着弗洛伊德逐渐意识到,指向自体的爱恋与指向自己身体的情欲性的兴趣,实际上也是一个正常且健康的个体发展阶段,该词的意义最终也得到了延伸。并非所有的自爱(self-love)都可以被看作是病理性的:实际上,一定程度的自爱,对于每个人而言,都是必不可少的。孩子将其自身当作性的对象,并将爱施予其自身的幼儿自恋阶段,其实是延续了一个甚至更早的阶段,在此更早的阶段上,孩子尚且无法区分其自身与外部世界,无法分辨其自身与母亲乳房的边界。随着孩子渐渐长大,他便发现了此种幼儿式的自爱在性欲方面的相关物——手淫带来的自体情欲性的满足。

当弗洛伊德开始考虑到自恋的重要性时,他便复杂化了他就**本能**(instincts)而发展出来的那一模型。

本能

　　本能即驱向某种行动的身体能量。就起源而言，所有的本能皆具有一些生物性的来源——每一种本能的目标都旨在从对象（亦即：我们期待能够满足自身情欲性欲望的那些人物、事物乃至身体部位等）那里得到满足。

　　直到弗洛伊德假定了自恋的存在，他才开始假设有两组不同本能的存在，它们共同支配着所有人类的活动：一组是（联系于**自我**的）自我保存本能（instincts of self-perserveration），另一组是（联系于力比多或**它我**的）性本能（sexual instincts）。在他探索这个主题的过程中，弗洛伊德有关自我和它我的思想一直都在改变，而且它们的这些改变也都是相互关联的（见：Freud 1923）。同样重要的是要记得，弗洛伊德自己其实从来都没有使用过像"它我"（id）、"自我"（ego）或者"超我"（super-ego）这样的术语，是他的主要英文翻译者詹姆斯·斯特雷奇[1] 把弗洛伊德的德文术语"das Es"（它）、"das Ich"（我）和"das über Ich"（在我之上）翻译成了"id"、"ego"和"super-ego"[2]。斯特雷奇采用拉丁文翻译的一个效果，便促使弗洛伊德的寻常语言变得看似更加具有了科学性。但是为了明确起见，我会坚持一些基本的定义。

---

[1]　詹姆斯·斯特雷奇（James Strachey, 1887—1967），英国著名精神分析学家，早年曾是"布鲁姆斯伯里团体"（bloomsbury group）的成员，尔后到维也纳跟从弗洛伊德学习精神分析，其毕生在精神分析学上的重要贡献，便是他编译了厚厚的24卷本的英文版《西格蒙德·弗洛伊德心理学著作全集标准版》。——译者注

[2]　正如本书作者所指出的那样，弗洛伊德本人使用的是德语中的第三人称单数"das Es"，他从德国精神病学家格罗代克（Groddeck）那里借用了这个术语，来描述不受自我控制的某种"异己性"或"非我性"的力量，就此语境的特殊性而言，国内学界将其译作"本我"的既定译法就显得颇有问题，倘若硬要把"它"附会到"我"的结构当中，那么"它我"似乎也是更恰当的一种翻译。——译者注

"自我"、"它我"和"超我"皆是地形学的概念——也就是说，它们皆存在于心灵的"内部"，然而我们永远不可能在大脑的特定部位上标记出它们的存在（有关"超我"的定义，见：第45页）。地形学（topography）即指在地图上进行描绘。从某种意义上说，弗洛伊德的心灵地图都是想象出来的模型：它们无法在身体或大脑的材料上描绘出来。然而，弗洛伊德的地形学却有助于我们理解这些精神区域是如何共同运作并且相互关联的。

自我与它我

孩子在最初诞生的时候是一团混沌的它我，其欲望都是尚无定形且尚未结构的；"我要"这一要求即是其心灵内容的主旨。从这些原始的欲望当中，很快便形成了一个自我。有关自我的一项定义，即个体将其自身设想为一个具有自我意识的存在，也就是说，个体将其自身感受为是同其周围世界相分离的存在。精神分析有关自我的另一项定义，则是人格中有意识的部分，亦即体验并感受外部世界且对自体代表着现实的那个部分。这两项定义虽有相关，但却不尽相同——自我的前一种定义是更具包罗性的：它隐含着一个完整的自体，而非像另一种定义所隐含的那样，把自体分裂成了自我和它我两个相互分离又相互冲突的派系。

它我是同无意识不可分割的——它我想要并欲望的是在此时此地（here-and-now）得到即刻的满足，它并不制定未来的计划。弗洛伊德常常宣称：无意识（等同于它我）没有时间性，只知道现在，而且也只有肯定的回答。另一方面，自我则具有时间意识，也知道生活在这个必须等待的世界上所伴随的是怎样的挫折。自我会告诉自己要延迟满足自己的欲望并跟现实达成妥协，以便保存自己。

它我与自我大致对应于两组分化的本能——它我相互关联于寻求快乐的本能,弗洛伊德将其称作"爱欲"(Eros),亦即在希腊语中表示"爱"的单词(在本章下一节中有关快乐原则的部分,我们还会再度涉及快乐的问题)。自我则相互关联于保护自己的本能,亦即自我保存的本能。

起初,弗洛伊德假设这两种本能是相互分离的,而且各自在精神中实现的功能也是不同的。它我说"我要",而自我则叫它等待;它我说"去找它吧",而自我则说"保护并保存你自己吧——生存下来比即刻满足重要得多"。然而,自恋的概念却似乎使这两组本能会聚了起来——如果你足够爱自己的话,你当然就得好好地保存你自己。你会是你自身关注和情欲投注的原初对象——你的主要驱动力便是把你所爱的对象保存下来,当然,这个对象就是你本身。此般景象即清晰地表明,性欲和自我保存这两种明显敌对的冲动,是如何能够会聚并融合起来的。

81   弗洛伊德认为,自恋是在惯常的事件过程中的一个发展阶段:最终,个体会把对其自身的爱转移到另一个对象上(正如俄狄浦斯情结所表明的,这样的爱通常都会停留在父母一方的身上)。然而,如果个体从未把他的自爱转移到另一个人身上,那么原本健康的自恋便会沿着精神病的方向而导致一些严重的精神痛苦。有关自身重要性的妄想性体验、精神分裂、幻觉,乃至总是觉得遭人监视的偏执狂的感觉,这些全都是自恋性精神障碍的症状。在最严重的自恋状态下,病人会觉得跟其他人建立关系是根本不可能的;他甚至不觉得有人能够在他自己的心灵之外存在。

现在,如果我们回想起转移作为精神分析治疗的关键要素的重要性,我们便会发觉自恋性的自我专注其实是妨碍了转移运作的路径。转移取决于病人同他人进行互动,并且对他人产生情绪性反应的能力。如果你从未爱恋或是憎恨过你的父亲或者母亲，那么你就无法把你的分析家安置在你父母的位置上，从而对分析家显现出你对父母的反应。一个全然是自恋性精神病的患者，是根本无法同分析家发展出任何关系的，因而也会使得分析成为不可能。因而，成功的分析便要求病人应当总是能够对分析家并对自己的过去产生某种情绪性的反应。最严重的自恋情形，便是把某人禁闭于一个纯粹主观的私人世界。如果爱者和所爱的对象是同一个人，那么就不会存在什么他者，甚至也不会存在什么他者的形象——也就是说，没有人来反弹爱恨的情感。

就实践的层面而言，弗洛伊德发现，那些患有严重的自恋形式障碍的患者的治疗即便不是不可能的，也是困难重重的，因为他们根本无法卷入转移的运作。此外，弗洛伊德有关自恋的理论，还给他把自我和它我分离开来的思想造成了某种问题。自我原本是从性欲中分裂出来的——它涵盖了一些非性欲的动机的领域。然而，自恋理论却把性的对象等同于思考并行动的"我"（自我），从而消除了这样的分化。保存自身的力量与生成欲望的力量变得彼此无法区分。弗洛伊德这一思路的结果，便导致了所有的动机皆可以被看作性的动机。

无论是弗洛伊德那个时代还是近来的批评家们，往往都会把他谴责为一位泛性论者——也就是说，他相信所有人类的动机最终在本质上都是性的动机。为了试图反驳此种错误的假设，我先前曾在本书中指出，弗洛伊德的理论既关系到解释，也在同等的程度上关系到性欲。我们这些 20 世纪（乃至 21 世纪）的产物，通常都会把这个泛性论的弗洛伊德采纳为我们最了解的弗洛伊德，而乐于对他极尽讽刺挖苦——这个满脑子被性占据的老男人，在他查看过的所有地方都能发现阳具的象征。然而，有那么一阵子，弗

82

洛伊德自己也曾一度担心过他的这些结论会趋向于这个方向发展。在他着手研究其本能理论的时候,他便意识到自恋的概念给他的理论造成了某种困境。自恋的理论成果,便清楚地表明了我们不可能把性的本能与自我本能完全分离开来。难道每一个人类的动机终究都是性的吗?

通过把他的精神范畴加以重新处理,弗洛伊德找到了解决这一僵局的途径。他提出,在人类的本性当中,可能还存在着无法以他既往使用的术语来加以描述的一种兼具暴力性、攻击性和自我毁灭性的元素。在本章的下一节里,我们将通过快乐原则和现实原则来考察弗洛伊德是如何以另一种方式来思考他的自我和它我的范畴的。在这个新的二元论中,必须归入作为第三项的另一个术语——弗洛伊德的那一诡异且令人不安的创造:"死亡冲动"。

快乐、现实、死亡

精神分析是少有的一种妥协理论——你发现爱恨交织,但它们却从不结合于冷漠;冷热交替,但它们却不会制造出温水。然而,弗洛伊德同样清楚地知道,尽管精神对于此种现象从来都不是特别的高兴,可是为了让我们得以在这个世界上生存下来,有的时候产生一些妥协也是在所难免。弗洛伊德的早期本能理论即表明了这样的一种妥协。

弗洛伊德的本能理论起先提出有两组本能的存在——一种朝向快乐的本能与一种朝向自我保存的本能——两者共同运作,尽管有着相反的目标。弗洛伊德是用紧张和释放的经济学模型来描述快乐的,他也是根据由一个或几个细胞所组成的那些具有最基本的感应(假如你们甚至可以在存在的层面上把它们叫作感觉的话)的最基本的生命有机体来思考快乐的。他假设说有机体在其最简单的形式上,是由一个内部和一个外部构成的——有机体内部的功能是通过掌控从外部影响它的刺激而使自身保持为一个有机体。紧张的积聚是以来自外部的刺激为形式的,倘若内部对其无法进行掌控的话,便会产生不快乐的感觉。在这一特殊的模型中,快乐恰恰在于紧张的释放。

83

人类的神经系统即是把此种动力学落实到位的一种模型。弗洛伊德在他的《冲动及其变迁》(1915)一文中假设道:"神经系统作为某种装置,其功能在于摆脱那些抵达它的刺激,或者是把刺激缩减至最低可能的水平"(Freud 1915b:116)。弗洛伊德把本能欲望的这种不可扰乱性或不可扰动性称作"恒常性原则"(principle of constancy)。在《释梦》第七章的第三节和第五节,他也曾相对于梦来讨论这个原则。梦的一大作用,以及梦中幻觉式的愿望满足,便是保持梦者在快乐地做梦并因此是睡着的。弗洛伊德理论中的这个特殊的面向,因而就可以被理解成其意味着我们所有人最想要的便是继续睡眠,这一点是任何学者都可以告诉他的。

随后,弗洛伊德又承认说,并非所有形式的紧张都是不快乐的。朝向性欲释放的积聚也可以被看作是某种紧张形式的快乐。然而,随着弗洛伊德对性欲的设想,为了让快乐得以真正的发生,就总是需要发生紧张的释放。该模型在衡量快乐与不快乐上的拙劣便在于这样一个事实,亦即:弗洛伊德是采取了一种量化的经济学概念(紧张/释放)并且把它映射到一个质化的世界之上——正如精神分析的理论很快便指出的,人类会感受到所有类型的复杂情绪和混合情绪。不过,尽管这个模型起初看上去是具有揭示性的,然而遵循弗洛伊德坚持他有关快乐原则的紧张和释放的经济学理论,这一模型却也铺设了一些有意思的路径并导致了一些煽动性的结论。

快乐原则跟力比多是相匹配的——朝向快乐的冲动、愿望的满足、性欲能量的释放。那么,对于弗洛伊德而言,在人类的状况下又是什么在抵制快乐呢?为什么我们不只是一直都在寻求快乐呢?关于这个问题,存在着很多不同方式的回答。首先,并非所有的快乐或愿望一经设想便可得到满足。如果你们还记得,孩子一开始相信自己是生活在其愿望可以即刻得到满足的一个世界上——在那里,它心里所想的事物与世界提供给它的事物之间不存在任何的区别。但是,这样的幻象很快便破灭了。就事实而言,

84 母亲与乳房并非总是会在那里哺育着它,也并非总是会令它处于某种婴儿式的至福的状态。这个世界并不总是会满足它的那些欲望。这种遭遇到有力量毁灭我们想象出来的快乐并让我们的期待遭受挫折的状态,便被弗洛伊德称作“现实原则”(reality principle)。最终,婴儿会渐渐意识到,为了使它的愿望得到准许,它就必须妥协于这个外部的世界。快乐是有可能实现的,然而保证此种实现的最好方式,却可能并非是坚持要快乐直接地发生;为了能最终体验到快乐,婴儿可能不得不延迟自己欲望的满足。倘若我们相信如果我们等待的话,我们的愿望即可能成真,那么我们便会愿意放弃即时满足的希望。我们大家每天都在以不同的方式进行着诸如此类的交易。如果我们延迟我们的快乐而去上班,我们便会得到报酬,并且我们也可以指望在周末得到更多的快乐(或至少是也能得到更多的金钱用来购买快乐)。在第6章中,我们将会看到弗洛伊德如何用有关快乐原则和现实原则的这一冲突模型来解释正是这份压抑合约构成了我们对于文明化社会的感觉。

在1920年,弗洛伊德在他一直秉持的经济学理论上又遭遇了另一组难题。直到此时,弗洛伊德都假设快乐是每个人的终极目标;如果你因现实原则而在短期内偏离了快乐,这实际上是因为你

的快乐只是被延迟了。即便意识承认了不快乐的可能性,无意识也总是会本能性地以各种形式而转向快乐。然而,早在《释梦》一书中,弗洛伊德既已发觉到他自己遇到了一些看似不是特别快乐的梦,这些梦似乎并非都是愿望的满足。通常,这些梦都是重复性的——那些一次又一次发生的噩梦。一个特别适时的例子,便是在第一次世界大战期间罹患"炮弹休克"(shell-shock)的士兵,他们会反复地做有关爆炸的梦。这些罹患炮弹休克的病人的创伤性的梦,似乎使弗洛伊德关于快乐原则的理论变得有些摇摇欲坠。人们会无意识地回到一个恐怖而混乱的情境,这其中的快乐何在呢?我们又为何会重复我们起初无法坚持去体验的那些事情呢?

于是,在弗洛伊德 1920 年代的理论中,重复便成为了一项新的干扰性要素,尽管从某种意义上说,重复也始终是既存在于神经症又存在于精神分析治疗中的一项因素。如果说神经症性的疾病乃根植于当时未曾得到恰当理解的那些童年期的事件、记忆和幻想,那么人们之所以无法摆脱这些记忆的原因,便在于它们仍旧在经历并伴随着他们。神经症患者会重复并重演他们的过去——他们无法从自己的过去中逃脱出来。即便他们将其转化成癔症性的躯体症状,这样的转化也还是会表现出一种重复的形式,只不过他们是在无意识中通过扭曲而对自己隐藏起了此种重复而已。

从另一种意义上说,精神分析的治疗也同样得益于某种重复的过程。治疗即涉及从精神层面上返回到一个令人痛苦的情境,就像是返回到犯罪现场那样。分析家会经由病人的记忆而把他们带回到原先令人痛苦的某个时刻、场景或是幻想之中,然而这并非是说,病人会盲目地重复原初创伤的体验,并且同样感受到那些无法掌控的情绪。相反,分析家帮助分析者去重复某种经验,恰恰是为了去理解此种经验。治疗性重复与盲目的重复的不同即在于:

治疗师能够分析并看到困难的根源。弗洛伊德把这一过程称作
"修通",以区别于简单的重复(见:最后一章中有关《回忆、重复与
修通》的讨论,第121页)。

　　因此,我们便发现,重复是一种既可能有利于又可能有害于精
神健康的策略。在《超越快乐原则》中,弗洛伊德仔细地思考了重
复的这些相互矛盾的用途。弗洛伊德发现自己观察到了一个年仅
一岁半的孩子(亦即他在现实中的孙子,恩斯特)在玩某种游戏,他
将其称作"fort/da"(或者"不见了/在这里")游戏。这个孩子会反
复地把一个缠线板丢出去,然后自己再把它拉回来,同时喊着其婴
儿版本的"不见了"(fort)和"在这里"(da),以表示这是他自己造
成的("fort"变成了"哦—哦—哦—哦")。弗洛伊德把这个游戏解
释为孩子在游戏中重新搬演了他母亲时不时离开的痛苦事件。当
婴儿欢呼雀跃地把她拉回来("da!")或者又把她抛出去("fort!")
的时候,他便可以假装是自己在控制着母亲的运动,而非母亲把他
撇开而作出的决定。这个"fort/da"游戏,就像精神分析治疗本身
那样,涉及通过玩重复的游戏来掌控某种令人痛苦的情境。

　　因此,弗洛伊德便假设说重复可能是有用的,因为它可以帮助
我们应对那些令人感到不快或显然是无法掌控的新的资料。重复
会把每一个新的情境都转变成我们可能已经体验过并因而知道如
何去应对的一个旧的情境。然而,弗洛伊德却并未完全满足于他
自己的这些解释。在此之外,他还假设了明显不具备此种精神用
途的一种"强迫性重复"(compulsion to repeat)。他注意到他的孙
子似乎更频繁的是把线轴扔出去,而非把它拉回来,尽管正如弗洛
伊德所指出的那样,把线轴拉回来,亦即上演他母亲的返回,这会
涉及更多的快乐的补偿。令弗洛伊德感到同样挫败的是那些罹患
炮弹休克的士兵的创伤性的梦,这些梦境似乎只是重演了他们的

濒死体验,而实际上却并未帮助他们去掌控那一创伤性的情境——因为无论从任何意义上说,这些梦都没有使他们变得更加健康。因而,他便觉得自己的思想中一定是疏漏了什么东西。就其本身而言,重复是否可能就是精神的目标呢?无论在意识还是无意识的层面上,是否有某种东西是与人类的欲望背道而驰的呢?

在一种极具争议性的构想下,弗洛伊德提出了他所谓的**死亡冲动**(death drive),试图以此来解释快乐原则为何会有这样的偏离——它们并不旨在延迟快乐来满足现实的需要。

> ### 死亡冲动
>
> 与其名称所隐含的意义相反,死亡冲动并非仅仅被联系于指向他人的攻击性冲动。起初,弗洛伊德将其构想为一种毁灭自身的冲动,而非一种毁灭他人的冲动(尽管当个体将其指向自身的无意识攻击转向外部的时候,死亡冲动便会导致朝向他人的暴力性的冲动)。然而,在弗洛伊德有关本能的经济学理论中,死亡冲动却并非只是被设想为暴力性的冲动。恰恰相反,它力求的是把紧张降低至绝对的零点。死亡冲动的最终目标,便是使生命归复于一种无机的状态,亦即一种绝对静息的状态。弗洛伊德的复杂逻辑表明,关于此种状态可能也存在着某种有违常理的欲望,即便弗洛伊德自己并未对死亡冲动给出任何经济学的说明。在死亡冲动中,显然没有涉及任何快乐的代偿。

弗洛伊德派的分析家们往往会忽略死亡冲动——或者称作"死欲"(Thanatos),与之相对的是"爱欲"(亦即快乐原则)。然而,一些文学理论家却注意到,死亡冲动在其中得到说明的《超越快乐原则》是一篇引人注目的文本,主要是因为该文表明了弗洛伊德如何把重复的概念与死亡联系在一起。在《超越快乐原则》的那些元心理学的表述中,死亡与快乐最终是联系在一起的。死亡是紧张的终极释放;它许诺了静息和完全沉寂的终极体验。于是,重新上演这些令人不快乐的体验,似乎就好像是对于我们自身死亡的一种排演。

然而,尽管我们自身的死亡可能是自我毁灭冲动的目标,但是我们在现实中所体验到的死亡,却从来都不是我们自己的死亡——而是我们不得不经历的家庭成员、朋友或者爱人的死亡。就精神分析的实践而言,死亡冲动通常都不被看作弗洛伊德非常有用的一个经济学概念。反而,关于死亡和丧失的另一种理论,则似乎同我们实际上如何体验他人的死亡有着更多的相关。弗洛伊德最有趣的经济学概念之一,便集中在这样的一个问题上,亦即:我们是否有可能亦或永远不可能去"修通"我们所爱之人的死亡。

填满与倒空:《哀悼与抑郁》(1917)

精神分析的理论可以被看作由一系列有关丧失的故事所组成。在索福克勒斯的戏剧里,当俄狄浦斯王发觉他将不受自己控制的命运付诸了行动之时,他便丧失了自己的掌控感,丧失了自己的王国,甚至是丧失了自己的双眼。弗洛伊德把这部戏剧解释为排演了另一种原初的丧失——当男孩子意识到他丧失了母亲作为爱的对象而不得不放弃他对母亲的爱而服从父亲的威胁性角色的时候。通过俄狄浦斯情结,惩罚性的父亲又给男孩子施加了另一种丧失的威胁——丧失他的阴茎。根据弗洛伊德的观点,当小女孩发现性别差异的时候,则会经历一系列不同的构成性事件,但它们也都涉及丧失和失望——她发现男孩子拥有某种自己所缺失的东西,而这个东西恰恰也是她的母亲所同样缺失的。根据弗洛伊德的说法,女孩子会把她对母亲的爱转变成厌恶,因为她的母亲无法给予她一个阴茎,从而她便会转向父亲,因为她希望父亲可以给予她,即便不是一个阴茎,也会是一个阴茎的替代物———个孩子。在精神分析就性欲发展所讲述的这些故事里,小孩子始终都在应对丧失,无论这样的丧失是真实的还是想象的:你的需要和愿望一经出现便会即刻得到满足的这样一种幻象的丧失,由母亲的乳房所象征的舒适感和安全感的丧失,阴茎经由阉割情结的丧失,亦或是小女孩觉得早已发生了的阴茎的丧失。

因此,精神分析便提出,我们总是在不断地应对这些不同类型的真实亦或想象的丧失,然而,这些丧失又是如何联系于一个真实的人发生死亡的那种丧失呢? 在他的《哀悼与抑郁》一文中,弗洛伊德便分析了人们是以怎样的方式来应对某个所爱之人的死亡,或者某个珍爱观念的丧失:"哀悼通常是对丧失了某个所爱之人,或者是对丧失了某种珍贵的抽象概念(诸如我们的国家、自由与理想,等等)而产生的反应"(Freud 1917:251-2)。哀悼是一种正常的状态,虽然它可能会涉及一段严重悲伤与情绪低落的时期,但其本身却会随着时间而得到治愈。抑郁则是哀悼的一种病理性的版本。抑郁的症状包括:"令人深深痛苦的沮丧、不再发生对于外部世界的兴趣、爱的能力的丧失、所有活动的抑制,以及在某种程度上表现于自责和自怨并在带有妄想性的惩罚期待中达到顶点的自尊感的降低"(Freud 1917:252)。正如弗洛伊德所指出的那样,除了在其自我憎恨的方面,抑郁者在所有其他的方面都像是正常的哀悼者。

哀悼将会是一种令人痛苦的过程,它可能会涉及否认所爱对象的丧失———他们仍然活在梦里或是幻想里。然而,弗洛伊德声称:"在正常情况下,对于现实的考虑会更胜一筹"(Freud 1917:253)。随着时间的推移,人们终究会接受对象丧失的现实,而对象

88

在哀悼者的精神构造中的地位也会有所降低。最终,正常的哀悼者会开始觉得他们不再随身携带着巨大丧失的重负。从而,他们的自我便开始出现:"当哀悼的工作被完成时,自我便会再度重归自由与解脱"(Freud 1917:253)。

然而,抑郁则涉及另一种精神过程,而且是更加难以度过一种精神过程。弗洛伊德发现,抑郁者会对丧失的对象怀有一些无意识的矛盾情感。既爱又恨的父母的死亡,亦或是遭到一位虽然残酷无情但却令人钦佩的情人的抛弃,都可能会导致严重的抑郁状态。抑郁者会通过展示自我憎恨来表现这一丧失。在此,弗洛伊德作出了一个重要的区分:"在哀悼中,是世界变得贫瘠与空洞;而在抑郁中,则是自我本身变得贫瘠与空洞"(Freud 1917:254)。丧失被加诸于自身——就好像自体的一部分也随着自体中的这个部分所依附的那个人一起死去了。然而,这又是为什么会发生的呢?弗洛伊德宣称,抑郁者的自我谴责,其实是在掩饰针对所爱之人或所爱对象的谴责。倘若他们在意识层面上承认了自己指向丧失对象的这些矛盾情感,那么罪疚感必定会随之而来,因而对于自身的这种憎恶,便恰恰是抑郁症患者在无意识中用来保护自身免于这些罪疚感的一种方式。抑郁症患者不会去表达这些困难的感觉,反而会认同于丧失的对象,甚至可能会通过摄取他人的特征而变成此人的样子。例如,一位女儿对她在背地里厌恶的母亲的死亡感到罪疚,她便可能会开始呈现出她的母亲的那些特点,或者是会做她的母亲过去常常做的那些事情。抑郁者觉得自己对于对象的死亡是负有责任的;他们觉得是自己在精神上谋杀了他人。摄取他人的特征,即是在幻想中通过使他人复生来修复这一丧失的一种方式。

换句话说,抑郁症患者之所以无法承认这些既爱又恨的矛盾情感所指向的对象的死亡的现实,恰恰是因为他们害怕自己对于那一谋杀是负有责任的。弗洛伊德根据同类相食的现象来构想抑郁症患者使对象复生的这一过程。随着丧失而来的这种极端的认同称作"内摄"(introjection);自我隐喻性地吞噬了丧失的对象,并且通过把对象纳入自身而变成了那个对象。关于抑郁的治疗便涉及在意识层面上承认并接受那些指向对象的敌对情感。当抑郁症患者最终承认这些感觉的时候,他便可能会停止对于自身的憎恨,从而松开死亡的他者施加在他身上的束缚。《哀悼与抑郁》中的经济学理论令人联想到这样的一个世界,其中的人们会被自己的过去填塞得满满的而无法从中走出来。抑郁症患者会内摄他者的精神,并在无意识中尝试像他者那样活着,以便补偿他想象是自己对那一对象造成的伤害。作为一种理论而言,抑郁就好比在描述过往的死者的幽灵如何侵入自体的一种亡灵论(ghost theory)。在弗洛伊德的理论里,丧失可谓比比皆是,而那些丧失的对象通常都会阴魂不散地回来纠缠活着的人。

超我

抑郁症患者极度狂热的自我憎恨源自于我们通常将其称作"罪疚"的那种感觉。罪疚是弗洛伊德理论中的另一个关键要素,它是随着自我与它我而来的另一术语的关键,也即超我(见:第45页的原始定义)。超我是自我中分化出来的具有自我批判性的面向:其功能在于对它我和自我进行的意识与无意识的决定作出判决。自我不断地试图跟现实达成妥协,超我从而便发展出来。超我会衡量个体违背自我理想(亦即关于自身的某种理想形象,其基础在于早期自恋性的自爱,尔后个体才会认识到自己身上的瑕疵)的真实自我。超我是同良知的感觉联系在一起的;它把自我保持在它我(力比多)拒不接受的高度道德和社会标准上。对于超我而言,个体作为社会的一份子活着,就得响应他人并对他人负责。对于它我而言,个体则仅仅是为了其自身和自己所能得到的东西而活着的。然而,弗洛伊德的这三个结构性的概念,亦即自我、它我与超我,却全都是相对于彼此而运作的。

偏执狂患者可能会出现妄想,觉得有人在不断地监视自己,或是相信有人可以看穿他内心的想法。然而,弗洛伊德声称,这些妄想也同样反映出了精神事件的真实状态:"此种主诉是有其缘由的;它描述了真相。注视、发现并批判我们所有意图的这样一种力量,是确实存在的。实际上,它就存在于我们每个人的正常生活之中"(Freud 1914b:90)。由于超我对主体进行监视而出现的罪疚感与恐惧感,大多都像弗洛伊德所描述的那样,源自孩子跟父母之间的关系:"这种罪疚感起初是恐惧受到父母的惩罚,或者更准确地说,是恐惧丧失父母的爱;但在后来,父母则会被取而代之以一些模糊不定的人物"(Freud 1914b:97)。通过强调个体需要把自身纳入社会的要求,而社会往往又都是首先由批判性和惩罚性的父母所代表的,超我便把我们从个体心理学带向了群体心理学。

小　结

正如我们所见,弗洛伊德假设了不止一种心灵的地形学。有的时候,他会根据自我、它我(亦即"力比多")与超我之间的关系来对精神进行分类。有的时候,他则会运用快乐原则、现实原则与死亡冲动的概念。然而,在每一个体的内在精神装置中掀起的战争(以及在那里作出的妥协)却不可避免地会涉及一种冲突,使主体挣扎在立即满足欲望的冲动与永远不可能满足的认识之间。我们应当始终谨慎地使用弗洛伊德的术语学,同时也要认识到弗洛伊德的每个心灵地图都首先带有元心理学的性质——它们统统服务于形象化一些区分的企图，这些区分在身体的不同区域是找不到定位的。正如我们所见，这些区分会根据不同动因之间的关系来维系或崩解，就像自恋的概念瓦解了快乐原则与自我保存的本能那样。超我则是弗洛伊德用来复杂化自我与它我之间关系的另一项术语。在下一章论及弗洛伊德与社会的章节中，我们将会看到弗洛伊德的超我继续代表着严厉的良心的声音(源自于内摄的父母的声音)，并以此来应对更大的外部世界。即便当精神分析从有关个体的理论化迈向有关社会的理论化的时候，它也从未把家庭远远地抛诸脑后。

91

社会与宗教

弗洛伊德从来都不是一位会把他的作品仅仅局限于个体心理学领域的思想家。正如他曾经将其最初有关癔症性与神经症性疾病的那些分析用于系统阐述一种有关心理和性欲发展的普遍性理论那样,他也如此将其始自个体理论的那些思想,诸如俄狄浦斯情结与压抑等,统统应用到了社会的层面上。凭借弗洛伊德涉及人类学、宗教、艺术与社会的多篇文章,精神分析发展成了一套宣称自己有权对所有这些领域中的方方面面进行解释的原理。从某种意义上说,有关人类与人类关系的很多其他的理论思辨领域,都遭到了精神分析的殖民,尽管它在这些领域中也确实取得了不同程度的成功。虽然现在已经没有哪位人类学家,会在弗洛伊德的人类学著作中仅仅看到过去有关人类学的那些可疑观念的证据,但是他所假设的那些解释性的故事,却继续有力充当着适用于我们文化的文学创作或神话。弗洛伊德有关战争与群体心理学的作品,也对某些问题提出了一些有趣的思辨性的回答,这些问题涉及人类身上的兽性本能、爆发有组织的暴力的起因,以及人类独有的那种将自身认同于某种非物质性的理想(譬如认同于某个民族或是某种事业,等等)乃至愿意为其而战并且为其而死的能力(尤其见于《有关时下战争与死亡的思考》以及《群体心理学与自我的分析》)。在弗洛伊德看来,所有这些有关人类的社会组织与社会联结的问题,似乎都是在呼唤着精神分析的解释。

93   然而,尽管弗洛伊德宣称,对于涉及人类行为的这些广泛的领域,精神分析有权再增添一些新的洞见,然而他也同样意识到,精神分析的思想无法宣称能够解释一切。事实上,此种做法可能是跟精神分析的一项主要原则背道而驰的:"我们根本没有理由去担心,首先发现精神作用与精神结构皆一律是多元决定的精神分析,会受到诱惑去把像宗教这样的复杂事物的起源追溯至某种单一的来源"(Freud 1912-13:159)。梦境与症状的多元决定的性质,即清楚地表明了寻求某种单一的来源或者某种单一的解释乃是一种误导。同样,也没有任何单一的来源能够说明是怎样复杂的观念集合构成了人类倾向于宗教信仰的趋势。另一方面,我们可能也有一些正当的理由去担心,弗洛伊德会试图把现象回溯至某种单一的根源;因为对他来说,一个主要的诱惑便是去提供那种具有决定性的有关起源的故事,而且他往往也都会屈服于这样的诱惑。弗洛伊德的那些精神分析的故事,皆不断地在假设一些可能的解释来说明事物的起源——无论是神经症疾病的起源,还是艺术创造性的起源。精神分析对其癔症女患者的一项最初的许诺,便是在遭到压抑的记忆中发现其疾病的根源,将会有助于把她们带向一种治愈。即便是当此种主张的说服力在分析实践的过程中有所降低的时候,对于这些关键性的解释的欲望,也依然对弗洛伊德的想象力维持着有力的控制。他的作品越是变得具有思辨性(或推测性),他便似乎越是会受到诱惑,觉得自己有可能会发现心理状态与社会实践的起源。在他想要掌控这些起源性解释的欲望当中,他就像是一个小孩子那样,在探寻着"婴儿从哪里来?"或是"我从哪里来?"这样的问题的答案。例如,弗洛伊德就经常会问这样的问题:"这种心理发展(神经症的症状、罪疚感,对于父亲的憎恶感,等等)首次发生的时间和原因是什么?"。他所设想的那些根源,有的时候,甚至会一直追溯到比单一个体的生命遥远得多的那些史前的猜测上。

如同很多人一样,弗洛伊德也相信流行于 19 世纪的一种类比,然而,在某种程度上,此种类比却是源自人们对于进化论的某种误解,亦即"个体发生是对种系发生的复演",或者说个体的童年期很像人类最早的史前时期。此一"种族的童年期"被认为是残存在原始部落社会的那些习俗之中,或者用 19 世纪的人类学用以描述人种变化的术语来说,是残存在"原始"人类的身上。

一旦精神分析使用了"原始人"和"野蛮人"这样的隐喻,它便 **94** 可以被看作是卷入了当时的种族主义的思想和言论。然而,一些有关种族主义的批评家却也沿着弗洛伊德的思想脉络,借用了一些精神分析的概念和术语来说明 19 世纪的种族主义的那些精神机制。例如,法国精神病学家兼革命理论家弗朗茨·法农 1 就曾借用精神分析的理论来说明殖民地居民以黑人主体的身份存在于白人规则之下的那种主体性分裂的经验。法农根据精神分析理论对种族主义进行了分析,从而表明了接受殖民者的语言如何会对殖民地居民的意识进行塑造和创造。如果某种文化把黑色人种看作

1　弗朗兹·法农(Frantz Fanon, 1925—1961),法国著名文化批评家,精神分析学者兼革命理论家,代表作有《黑皮肤、白面具》《全世界受苦的人》以及《殖民战争与精神失常》等。——译者注

是卑劣的或是邪恶的存在,而一个黑人殖民地主体又是说着那一文化的语言长大的,那么这个主体便会在无意识中承担起这样的假定。一旦这些文化价值得到内化,便会创造出一个分裂且异化的主体:这样的黑人男子或女子,一方面会认同于具有统治性的殖民文化,并将其自身看作是隶属于此种文化下的主体;另一方面又会遭到殖民文化的否定,而沦落成此种文化所嫌恶的对象。法农借鉴了弗洛伊德有关女性特质之神秘性的那个问题,亦即"女人想要什么?"(见:第 55 页),并将其改写为"黑人想要什么"(Fanon 1986:10)。这两个问题都意味着,它们无法仅仅通过询问一个黑人或一个女人而得到充分的回答(尽管这样的询问或许也并非一个坏的起点)。这两个问题也都意味着,这种无意识的动力学关系到我们自身与他者的欲望和否认,从而在很大程度上影响着我们怎样创造出关于我们自身的形象。从某种程度上说,我们建构出我们所是的存在,是通过鉴别并拒绝我们所不是的存在,而种族主义则恰恰源自于我们对于我们所不是的存在的那种恐惧和不信任。倘若我们把弗洛伊德的逻辑贯彻到底,那么对其自身和他者显得神秘的就不只是女人和黑人,而是所有的人。我们所有人都是通过认同于某些人且不认同于另一些人,从而形成并确立我们自身的同一性的,这一过程从来都不是全然有意识的。如果我们仅仅着眼于意识层面上的那些信念和结果,那么我们就永远也无法理解种族主义的那些深层的根源。诚如斯图亚特·霍尔[1] 所言:"倘若一种有关种族主义的解释,没有在内部景观及其效果的无意识机制上找到立足点,那它充其量也只是故事的一半"(Hall 1966:

---

1 斯图亚特·霍尔(Stuart Hall, 1932—2014),英国著名社会理论家、文化批评家、当代文化研究之父,曾任《新左派评论》的主编和伯明翰大学"当代文化研究中心"的主任,主要著作有:《电视话语中的编码与解码》、《文化研究:两种范式》、《意识形态与传播理论》以及《文化身份与族裔散居》等。——译者注

17）。弗洛伊德的一些概念，诸如阻抗、幻想、无意识的欲望以及认同等，都可以帮助我们理解，种族主义在压迫者与受压迫者的身上所采取的是怎样奇特的形式，特别是就受压迫者会不可避免地内化其周围的那些种族主义者的形象而言。

因此，即便弗洛伊德的有些类比，诸如儿童与野蛮人之间的类比，曾一度卷入了当时的种族主义话语，然而 20 世纪的很多批评家在写到种族主义和后殖民主义的时候，却也都采纳了弗洛伊德的很多思想。就像是把"原始人"跟儿童进行比较那样，弗洛伊德也在"原始人"的行为与强迫症患者和神经症患者的行为之间看到了一个重要的类比。他彻查了 19 世纪末到 20 世纪初存在于世界上的各种心理疾病，从而看到了一些扭曲的反映，这些反映既在一方面涉及了原始部落的宗教习俗，又在另一方面涉及了童年期的信仰。在弗洛伊德看来，文明始终都携带着它理应丢弃掉的那些残迹——本能冲动、巫术信仰，以及对于强大得像神一样的人物的那种压倒性的敬畏。

95

弑父的罪行：《图腾与禁忌》(1912—1913)

弗洛伊德的《图腾与禁忌》一书的副标题，"野蛮人与神经症患者的心理生活之间的某些共同点"，即清晰地划定了该文所涉及的范围。在这部鸿篇巨著中，弗洛伊德考察了诸如图腾崇拜这样的一些古老宗教习俗与现代神经症患者的仪式化行为和强迫性思维是何等的相似。经由此种联系，弗洛伊德系统阐述了一种非同寻常的关于社会的建制性神话。他首先对"原始"部落的诸多习俗进行了分析。在当时，人类学尚且是一个思辨性（或推测性）的领域，其中包含很多未经田野调查考证支撑的理论。弗洛伊德的成果皆有赖于不可靠的证据，尽管他提出的那些结论在心理学上非常有趣,然而在历史学上却是站不住脚的。到目前为止,我们最好还是把像《图腾与禁忌》这样的一篇文章当作一部文学作品或者创世神话来看待,尽管弗洛伊德本人却可能并非如此看待它的。弗洛伊德相信自己揭示出了有关一些重要的社会建制(诸如:宗教与文明)的起源的心理学基础。他的《图腾与禁忌》企图解释人与人之间的社会联结的起源,我们加诸于死者的禁忌的起源,乃至他随后将其描述为受超我支配的罪疚感或良心的起源。

　　《图腾与禁忌》一书被划分成了四篇文章。在其中的第一篇《对乱伦的恐惧》中,弗洛伊德就有关乱伦的人类学作品提供了一份综述。我们可以轻易地看出,有关乱伦的人类学著作之所以会激发弗洛伊德的兴趣,恰恰是因为童年早期对于父母的乱伦欲望,在他的性欲理论中是一个至关重要的元素。通过关于"原始人"的祭祀和习俗的调查工作(诸如詹姆斯・弗雷泽[1]在19世纪的著名人类学著作《金枝》等),弗洛伊德发现,相较于文明化的社会而言,乱伦禁忌在部落生活中是更为强大的。部落社会的异族通婚体系,就要求部落中的男男女女都要到部落外面去寻找性伴侣,否则便要面对驱逐或流放。来自部落内部的性伴侣是遭到禁止的,而且也被当作禁忌来看待。异族通婚关系到一个部落或是部落中的某些成员出于宗教的目的而采纳共同的图腾动物的习俗。"图腾"(totem)即是被一个部落奉若神明的某种特定的动物,因为人们想象它携带有部落的精神。信仰一个图腾的部落成员被禁止与部落内的其他成员交媾——异族通婚的图腾制度即要求他们到自己的群落外面去寻找性伴侣。图腾动物永远都不能遭到猎杀,假如有

1　詹姆斯・弗雷泽(James Frazer,1854—1941),英国著名古典人类学家、民族学家兼宗教历史学家,代表作有《金枝》和《图腾崇拜与异族通婚》等,其比较人类学的方法对于弗洛伊德影响深远。——译者注

人错手误杀了图腾动物,则会被看作一种非常糟糕的厄运。然而,往往在每年祭神庆典的时刻,部落却会仪式性地宰杀图腾动物,并且分食图腾动物的肉。从而,部落中的每个成员都在象征层面上把图腾的那些受人敬仰的特征纳入了其自身的体内。正如我们在《哀悼与忧郁》中所看到的那样,对于某人或某物的那种想象的同类相食性的摄取,是作为一种应对丧失的心理防御策略而存在的。弗洛伊德发现,在某些精神发展与这些部落仪式之间也存在着很多非常耐人寻味的相似之处。

弗洛伊德把图腾化的对象看作是从属于一种涉及矛盾情感的牢固意义;再一次,我们又看到了妥协的矛盾情感即是精神分析理论化的核心之所在。在整整一年里被禁止触碰的图腾,变成了在祭神庆典上被献祭并被吃掉的东西;于是,被爱慕和被恐惧的对象就变成了被摧毁的对象。《图腾与禁忌》的第二篇《禁忌与矛盾情感》则着眼于强迫症患者的信念如何反映出这些原始宗教仪式的结构。"禁忌"(taboo)一词原本是波利尼西亚语,意思是指某种神圣的、献祭的事物,因此也是被禁止且不可触碰的事物。你可以崇敬它、称颂它、惧怕它,但是却要跟它保持一定的距离。尽管关于部落的禁忌是什么,人们通常并没有任何明确的说法,然而图腾崇拜的两项基本法则却是:"不得杀害图腾动物,以及避免与图腾氏族中的异性成员发生性交"(Freud 1912-13:85)。

鼠人同样给他自己制造了一些禁忌。他的那些怪异的行为规范,就如同弗洛伊德笔下的那些原始人的习俗,乍看起来并没有什么逻辑性条理可言。但是,正如我们记得的那样,弗洛伊德发现鼠人的那些强迫性观念都可以追溯到情感的矛盾性,而且他最强烈的强迫性观念可以追溯到他指向自己父亲的那些矛盾情感,他的父亲拒绝了他的俄狄浦斯式欲望,而且也被他看作是阻碍了自己跟女人恋爱的企图。在《图腾与禁忌》中,弗洛伊德勾勒出了一种逻辑,从而把动物禁忌和乱伦禁忌同现代神经症的疾病形式联系了起来。然而,他也同样指出,在部落禁忌与强迫症之间还存在着一个核心的差异。禁忌是一种公共的社会结构,而神经症则是一种私人的疾病。禁忌对社会起着结构性和组织性的作用,而神经症则使之难以在社会中运行。通过两者的比较,弗洛伊德指出,一种现代的社会结构,诸如有组织的宗教等,也可能类似于一种群体的、共有的社会神经症。

令鼠人最为困扰的一种信念,便是他的父亲尽管事实上已经过世多年,但还是可能会出现在他的门口并对他评头论足。在弗洛伊德涉及人类学的著作中,他便考察了此种有关死者还魂的古老宗教信仰。他发现,他的病人会不断地遭受到自己虽已亡故但依旧强大的父母的"阴魂不散"的纠缠,这一点与死者还魂的古老宗教信仰有着一些有趣的相似之处。部落中往往都会有一些关于死者的禁忌——例如,人们被禁止说出亡故亲友的名字,或是被禁止触碰他们的尸体;关于尸体的处理,通常也都必须遵循一些特定的宗教仪式。假如对于这些严格的限制不予理睬,那么死者就会作为阴魂不散的恶魔而返回。弗洛伊德看出了这种对于死者还魂的恐惧,恰恰是联系着生者对于死者的那些错综复杂且充满罪疚的情感:

> 当一位妻子失去了丈夫,或是一位女儿失去了她的母亲,常常发生的事情就是生者会被那些折磨人的疑虑(我们将其称作是"强迫性的自责")所压垮,她怀疑自己是否会因为她的某种粗心或疏忽的行为,而要对这位珍爱者的死亡负有责任。
>
> (Freud 1912-13:116)

这些自责之所以会产生,恰恰是因为在哀悼与某种隐秘的满足感之间产生了冲突。哀悼者的罪疚感与自责感乃源自这样的一个事实,亦即:哀悼的对象既是爱的对象,同时又是恨的对象。这一冲突过程是通过某种精神机制而得到处理的,精神分析的术语学将此种精神机制称作"投射"(projection)。在投射中:

> 生者对其一无所知,况且也不想知道的那种敌意,便被驱 **98**
> 逐出内部知觉而进入外部世界之中,从而也从生者的身上分
> 离出来而被推到了他人的身上。
>
> (Freud 1912-13:119)

我们以为自己对于死者只怀有爱意,而当他们似乎是作为亡灵而返回的时候,这恰恰是因为我们把自己的敌意投射到了他们的身上。恰恰是我们自己的敌意被投射到了外部世界上,从而调转了方向,变成是"指向"(towards)我们自己的,而非"源自"(from)我们自己的。因此,死者便似乎是威胁性的——怀着恶意地回来纠缠我们的生活。弗洛伊德将其联系于良心的那些自责,也同样联系着此种情感的转向,我们需要压抑这些敌对的情感,并取而代之以一些积极的情感:"良心即是对运作于我们内部的一种特殊的愿望进行拒绝的内在知觉"(Freud 1912-13:124)。

《图腾与禁忌》的第三篇论文《泛灵论、巫术与思维的全能》则开始于泛灵论的概念,亦即:万物有灵的观念。在泛灵论中,动物、植物与人类统统都被看作是由某种"灵魂"赋予了生命。通过考察这些早期的宗教信仰形式,弗洛伊德发现它们与神经症患者的信念享有着一些共同的特征。信仰泛灵论者与神经症患者,都会想象出一种可以创造并改变外部世界的强大精神力量;两者皆信仰

于那种模仿的巫术观念,亦即"如果我想让老天下雨,那么我就只需要去做一些看起来像是下雨或是令人联想到下雨的事情"(Freud 1912-13:138)。根据弗洛伊德的见解,信仰某种类型的巫术,即是用心理法则取代了自然法则。于是,这些被赋予了生命的、人格化了的角色,就会对他们所统治的人民和他们周围的世界变得极具控制力。在最极端形式的精神病中,迫害妄想便类似于部落民对于被他们自己赋予了巨大力量的那些神灵的恐惧。

因为俄狄浦斯的模型在弗洛伊德那里始终存在,所以他便把偏执狂患者的这些恐惧看作是基于一个惩罚性的父亲的形象:

> 一个儿子对其父亲的描画,通常都会被赋予此种过多的力量,而且据我们发现,对于父亲的不信任也跟对他的钦慕有着内在的关联。当一位偏执狂患者把跟他有关系的某个人转变成一个"迫害者"的时候,他便是把他提升到了一位父亲的级别上:他便是把他放到了一个让他可以把自己的一切不幸都怪罪给他的位置上。

> (Freud 1912-13:105)

99 针对图腾动物而表现出的此种矛盾情感,非常类似于指向父亲的那些复杂情感。图腾动物既是被崇拜的,又是被献祭的;尽管它被看作是不可触碰的,然而在祭神庆典中,它却最终会被吃掉,以便它的那些特征可以被吸收进信仰者的体内。爱慕和敬畏同憎恨和恐惧因而结合了起来,在暴虐杀害并吞噬掉对象的同时又跟对象保持了某种安全的距离,这些矛盾情感的动力学从而便展现出精神分析在其所探索的儿童情感中发现是非常盛行的所有那些关键的情绪。

在《图腾与禁忌》的最后一章《图腾崇拜在童年期的返回》中，弗洛伊德最终所做的，便是设想出了有关人类童年早期的一则史前故事，来解释这些情绪和仪式的矛盾结合的起源，因为他发现，无论是对于那些原始宗教，还是对于神经症患者和精神病患者的强迫实践和恐惧而言，这种矛盾性都是非常核心的。弗洛伊德注意到了达尔文的一则观念，亦即：在原始人生活的部族里，曾经有一位男性的统治者，拥有很多的妻子和孩子。弗洛伊德基于当时人们所采信的一个有关猿类的模型而提出，因为部落中的强大父亲的角色垄断了享有所有女性的机会，于是其他的男性部落成员便被迫要离开部落去寻找配偶。把这些年轻男性驱逐出去的作用是为了防止乱伦；然而，这种驱逐也同样造成了针对强大父亲角色的大量愤懑和仇恨。弗洛伊德设想了如下的情节：

> 一天，那些被驱逐出去的兄弟聚集到一起，他们杀害并吞噬了自己的父亲，从而终结了由父权统治的部族。只有联合起来，他们才有勇气去这么做，也才有可能成功地做到单凭他们个人的力量是不可能做到的事情……这个暴虐的原父，无疑就是这群兄弟中的每个人所恐惧和嫉羡的典范；而借由把他吞噬掉的行为，他们便完成了对他的认同，他们中的每个人都分有了他的一部分力量。
>
> （Freud 1912-13：203）

在此种反叛行径中杀死并吃掉自己父亲的儿子们，对他们所做的事情充满了罪疚；于是，他们便想起了自己曾经所爱的，也是所恨的父亲。他们发现，父亲的影响与权力，即便是在他死后也仍旧存在着；事实上，亡父的形象比生父的那些威胁更加强大。这群原始

100　族民因而便发觉他们迫于自己的罪疚和恐惧，而把父亲奉若神明并祭上了神坛。作为族群，他们宣布放弃了与引起他们造反的那些女人（亦即父亲的妻子，或者在这则神话的版本中，也是他们的母亲）发生性交的权利。他们同样设定了吃掉图腾动物的禁忌（除非是在每年的祭祀庆典上，他们会通过分食图腾的肉而重新上演群体性的弑父）。

　　弗洛伊德在《图腾与禁忌》中创造的这则有关罪疚感与社会联结（当这些兄弟联合在一起时，他们便开始构建出一个社会的雏形）的起源的神话，在现实中便是涵盖了史前婴儿期的俄狄浦斯情结，而不仅仅是涵盖了个体的童年期。在《图腾与禁忌》中，弗洛伊德宣称，这种原始的弑父是在史前时代曾经真实发生过的一个实际的事件，这个事件的精神后果仍旧萦绕在我们的心头。然而，现代人类学的资料却驳斥了弗洛伊德将其用作最初起源的这些理论。这些人类学资料表明，没有任何迹象可以证明早期人类或是史前类人猿曾一度是在某个单一雄性的统治下而组织起来的。因而，弗洛伊德不过是凭借一些不准确的资料而创造出了一则幻想的故事罢了，尽管是一则引人入胜的故事。他用这则故事解释了对于矛盾情感的压抑和控制是怎样把众多的个体集合成了一个社会的结构。在弗洛伊德的神话中，一帮兄弟通过参与一种原始的契约，亦即就他们中没有人会取代父亲的位置以及他们中所有人都要崇拜亡父的形象达成了一致，从而创造出了某种社会的结构。

　　在弗洛伊德分析宗教和文明的著作中，他再三强调了这种对于父亲角色的欲望和恐惧：

　　　　社会的基础现在便在于共同犯罪的共谋；宗教的基础在于罪疚感和依附于罪疚的懊悔感；而道德的基础则部分在于

这个社会的苛求,部分在于罪疚感所要求的忏悔。

(Freud 1912-13:208)

后来,当弗洛伊德抵达他的超我理论时,这个被内化了的惩罚性的父亲又有了另一则版本。根据弗洛伊德的观点,正如我们所看到的那样,基督教与犹太教都是关于父亲的宗教。无独有偶,在弗洛伊德涉及文化的作品中,所有的宗教都表现出一种惊人成功的、引发罪疚的压抑性的结构——压抑是社会文化的基石,当然也免不了罪疚。

宗教、升华与社会:《一种幻象的未来》(1927)与《文明及其不满》(1930)

101

弗洛伊德对于人类的宗教冲动并不友善。尽管在本书中,我通常都将他描绘为一位神话缔造者,然而他却把自己看作一位神话的揭露者而非神话的创造者。因为弗洛伊德信仰的是理性与科学的分析,所以他觉得社会进步的唯一方式,便是识别出并认识到它的力比多冲动与攻击性冲动。他相信,文明——我们的文化、法律、宗教与社会等所有这些复杂结构的总和——是通过学会压抑个体的本能冲动而出现的。然而,悖论的是,"虽然文明本应是人类普遍感兴趣的对象,但是每个个体实际上却都是文明的敌人"(Freud 1927a:184)。个体的欲望总是会不一致于社会迫使他们去遵循的那些规则、制度及法律。

在他后来有关社会与宗教的作品中,弗洛伊德又回到了他先前在《图腾与禁忌》中所设定的那个基本的结构上。依附于基督教的原罪概念的罪疚感——个体在其中共同承担着原始祖先的罪疚,譬如亚当和夏娃的原罪——很像是对远古父亲犯下古老罪行的原始谋杀的结构。即便我们设想说这样的谋杀在某个时间上可能是真实发生过的，可是，现在显然是没有哪个活人参与了那一谋杀。然而，罪疚的结构却依旧存在；我们的责任是无意识的，也是深深埋藏的。它就像是依附于我们犯下的罪行那样，也依附于我们并未犯下的罪。良心的结构通过在道德上和法律上管控我们的一长串根深蒂固的禁止和道德律令，从而曲折迂回地进入了我们的精神。

　　弗洛伊德的理论是，宗教信仰给人类提供了承诺性的保护与威胁性的惩罚的结合。弗洛伊德指出，宗教实际上是一种愿望满足的幻象。在一个理性的社会中，它理应作为迷信而被加以抛弃，然而弗洛伊德却并未看到此种弃绝有任何可能会发生在不远的将来。人类太过于依赖其迷信——由宗教所许诺的那种绝对的价值感。在弗洛伊德看来，人类对于宗教的需要，乃源自于童年期的无助。对孩子而言，父母是最初也是最强大的人物，通过宗教，他们被重新创造成了一个同时具有庇护性和惩罚性的神明的角色。通常，弗洛伊德都更加强调父亲而非母亲的重要性：

　　　宗教的需要乃衍生自婴儿的无助与对父亲的渴望，在我看来这是无可争议的，尤其是因为这种感觉不但从童年时代起就有所延长，而且也通过人们对于命运至上力量的恐惧而永远保持了下来。我无法设想童年期中的任何需要会像对于父亲保护的需要那样强大。

（Freud 1930:72）

尽管弗洛伊德认为宗教削弱了个体生命的价值，并使人们固着于一种精神幼稚的状态，然而他也深沉地结论道：人类尚未准备好放弃自己对于宗教信仰的需要(Freud 1930:273)。宗教很像神经症性的疾病,也因此取代了神经症的位置;宗教是悖论性地通过让人们签署一种群体神经症而保持人们的健康。弗洛伊德有关社会与宗教的很多思想,都表明了像宗教这样的群体性妄想如何在文明社会中取代了个体的妄想。

宗教是"一个观念的储藏库……这些观念诞生于人类使自己的无助变得可以忍受的需要,并且建立于其自身的童年期与人类种族的童年期的无助的材料或记忆"(Freud 1927a:198)。无助与绝望的需要并非良心和指向他人的责任感的良好基础。如果说良心的基础在于压抑,那么正如弗洛伊德所认为的那样,它便是一种使人屈服的工具,而非一种前瞻性的、进步性的力量。在弗洛伊德的解释中,文明化的"道德"人类显然是一种压抑的形成。人们其实都是冒着气泡的沸腾的大锅,里面充溢着等待喷涌而出的暴力和性的欲望。文明因而被设想成了倒退,而非前进。

在《一种幻象的未来》(1927)中,弗洛伊德罪责难逃似地对人类朝向宗教信仰的冲动加以批判,同时又根据超我的向外投射对其加以分析。正如我们先前看到的那样,超我本身即是对于一个具有惩罚性和阉割性的父亲角色的向内投射。宗教信仰全都是"幻象,是人类最古老、最强大也最迫切的那些愿望的实现"(Freud 1927a:212)。然而,正如弗洛伊德所设想的那样,宗教仍旧是文明的核心。

在《文明及其不满》(1930)中,弗洛伊德把他有关宗教的思想提炼出来,从而囊括了很多其他的社会结构。他指出,文明最初是源自于人类征服大地的需要,亦即人类需要将其严峻的周围环境变得可以忍受从而服务于人类的需要和欲望:"文明[德语:Kultur]即意味着把我们的生活区分于我们的那些动物祖先的功绩与规制的总和,这些功绩和规制服务于两种目的——保护人类免于自然的伤害,以及调节他们的相互关系"(Freud 1930:278)。人类起初是低能的动物,而通过其较高的脑力的发展,才成功地生存了下来。当然,这个过程是需要共同协作的,亦即搁置个人的利益和要求以便维持社会有序的能力,如此才能远离那种杀戮与被杀戮的残酷法则。根据弗洛伊德的观点,"群体力量对于个体力量的这种取代,便构成了迈向文明的决定性一步"(Freud 1930:284)。

然而,这一步却并非个体可以轻易迈出或是令人满足的一步。弗洛伊德强调了文明是如何建立在压抑与**升华**(sublimation)的基础之上。

升华

升华是本能性的冲动与能量借以被转化成非本能性的行为的过程:"这种把原初的性欲目标转换成另一种目标的能力——后一目标虽然不再是性的目标,但却在精神上联系着前一目标——即是所谓的'升华'的能力"(Freud 1908b:39)。例如,对于肛门发展阶段的某种着迷,可以把某人变成一位积聚钱财的守财奴。然而,升华也被设想成一种积极的力量;它创造出了艺术、文学与文化,等等。文明化作为超出满足基本生存需求(即:食物与庇护)的一步,其基础便在于升华的过程。根据弗洛伊德的观点,人类所创造出的每一座文明化的丰碑,都开始于使本能性的能量改道运行的需要:"本能的升华是文化发展的一个尤其显著的特征;正是升华使得科学、艺术或意识形态的高度精神化活动成为了可能,从而在文明生活中扮演了一个如此重要的角色"(Freud 1930:286)。

在《文明及其不满》中，弗洛伊德问出了一个乍看起来非常简单的问题——人类为什么不幸福？人类有可能幸福吗？他指出，人类的痛苦产生自三个主要的来源："自然的至上力量、我们自己身体的柔弱，以及调节人类在家庭、国家和社会中的相互关系的规则的不充分"（Freud 1930:274）。虽然在处理前两类范畴所造成的问题上，人类取得了一些惊人的成功，但是第三个范畴，亦即我们与其他个体之间或是在群体之中的相互关系的本质，却给永无止境的痛苦和不满提供了来源。在面对文明化的要求时，个体似乎总是痛苦的。然而，为什么会这样呢？

根据弗洛伊德的观点，神经症的出现是因为社会在个体身上施加了大量的挫折。在本能的要求与社会的压抑性结构之间，存在着一种内在固有的对立。作为人类，我们皆苦于外部的限制（例如，告诫我们不要杀死我们的父亲或是与我们的母亲睡觉的那些法律和规则）与内部的限制（这些内部限制通常都会使我们免于干出那些行为，即便我们知道自己不会被抓起来，因为如果我们那么做了，我们便会感受到无法忍受的罪疚）。弗洛伊德写到，他在这篇文章中大量涉及罪疚的目的，是"把罪疚感表现为文明发展中最重要的问题"（Freud 1930:327）。文明在罪疚的基础上前进，从而导致幸福的获得变得格外的困难。

弗洛伊德主张，对于文明化的严格实现而言，参与契约的交换是必不可少的，即便我们并未意识到这一点，即便我们觉得自己从未签署过什么文件。群体的需要将始终不同于个体的欲望；因此，个体的欲望就必须让步："群体力量对于个体力量的这种取代，便构成了文明化的决定性一步"（Freud 1930:284）。法律系统即是此种要求的例证。为了抵达某种"对于所有人都公正"的水平，就必须保证一项法律一旦颁布，它就是对于所有人都适用的：它不能为了偏袒某一个体而遭到破坏。为了让社群以社会结构现在所要求的进步方式而生存并兴旺起来,人们就必须放弃大量的个人自由和性的自由。就像从现实原则中了解到愿望不可能总是即刻得到满足的婴儿一样,人类——无法摆脱文明契约的约束——也被迫要汲取同样严厉的教训。他们会牺牲即刻满足的念头,以期能获得某种美好的未来,尽管这样的牺牲往往是出于他们个人的利益,但是在某些利他主义的人那里,也会出于他们的社群乃至整个人类的利益。弗洛伊德宣称,这些利他主义的人即是达到了一个高度的、令人满意的升华水平。

105

　　弗洛伊德在《文明及其不满》中的那些最机巧的修辞技术,也都被用来服务于辩驳公认宗教道德的逻辑。他摘取了一些宗教的老生常谈并对它们进行了详细的分析,从而看出了它们违背常理的地方和方式。在弗洛伊德看来,一个文明的宗教社会的核心要求,便是基督教最引以为傲的"爱邻如爱己"的主张。弗洛伊德指出,我们在试图理解这项指令并看看我们能否弄懂它的时候,都采取了一种天真的态度。一方面,他问道"我们为什么应当这样做?",另一方面,他又问道"这甚至是可能的吗?"。如果我的邻居对我怀有敌意和恶意又当如何——如此又有什么道理去爱他呢?再说,这难道不是贬低了我的爱,把我的爱变得太过稀薄了吗——难道我不应该把我的爱保留给那些证明了他们是值得我去爱的人吗?弗洛伊德因而表明了在邻里关系中也暗含一种蚕食的攻击性。邻居虽然和我们没有血缘的纽带,但却似乎跟我们有着某种令人不适的亲近。邻居虽然不是我们的亲人,但是也没遥远到足以让我们忽视他们的地步。而且,正如我们很好地知道的那样,不是因为什么人是你的亲人,你就保证会在精神分析的情感世界里用你的无条件的爱来对待他们。正如我们看到的那样,哪怕是那些最亲密的关系,也都是以爱恨交织为特征的。为什么陌生的邻居要比我们的父亲或母亲过得更好呢?弗洛伊德所设想的对于邻居的"自然"反应是攻击,而不是爱:

> 人类并非那种渴望得到爱情且如果遭受攻击最多只会自卫的和善的生物;恰恰相反,他们是这样的一种生物,我们应把他们共有的强大攻击性看作是其本能天赋的一部分。
>
> (Freud 1930:302)

为了让文明得以运转起来,每个人都会被期待去抑制这些攻击性的本能。为了让社群得以生存下来,对于本能的满足就必须存在着一种普遍的弃绝——当然,这种弃绝从来都不是普遍的:总是会存在一些犯法的人,这些人一旦产生了欲望,就会去满足他们的欲望。弗洛伊德指出,就超我而言,有些人极少遭受到其严苛的折磨。那些按照"爱邻如爱己"这样的不可能的要求来生活的最道德的个体,实际上更有可能遭受到一种强烈的罪疚感的折磨。至于那些反复犯罪和干出反社会行为的人,则肯定有着一个没有高度发展的超我。拥有高度发展和惩罚性的超我的人,无论他们是否做了什么错误的事情,都会充满罪疚。在弗洛伊德而言,精神是不讲究逻辑的——它不会根据谁应当得到惩罚或奖励来分配它们。在心理疾病的领域中,往往都是强迫症患者和神经症患者在不断地惩罚自己,并且对他人有着强烈的义务感和责任感。正是文明与个体欲望的冲突性的要求,导致了那些压抑性的约束。

关于文明社会所要求的对于本能的弃绝以及它所能保证的个体幸福的缺失等问题,弗洛伊德在《文明及其不满》中最终也没有提出任何解决办法。这篇令人着迷的思辨文章把弗洛伊德的极端

106

悲观主义展现得淋漓尽致。例如,与马克思主义的例子相反,精神分析关于文明的思想看到了一个不可避免的攻击性和破坏性的元素被嵌入在人类动物的身上。一位马克思主义者会认为,攻击和战争都可以通过财富分配的不平等来加以解释。如果财富得到了平等的分配,那么攻击就会变得毫无必要。人类能够过上和平的日子,因为社会可以满足每个人的需要;每个人都能得到自己想要的东西。然而,精神分析却指出,无论在精神层面还是在物质层面上,得到自己想要的东西都是一个难题。把得到自己想要的东西作为一个问题的答案,首先即意味着知道自己想要的是什么,其次则假设了所有的愿望都是可以满足的。与马克思主义(把社会的经济基础看作是决定着个体的内在自体)相反,精神分析则提出,缺失的意义远不止于个体的物质财富的缺失,而且像羡慕、渴望、嫉妒与攻击这样的一些原始冲动,也都不是由真实的物质商品的缺失所造成的。弗洛伊德写道:

> 大家可能会认为,我们应当有可能对于人类关系加以重新秩序化,亦即通过放弃对于本能的压制和抑制,就能移除那些对文明感到不满的根源,如此一来,由于没有内部冲突的干扰,人们就可以投身于获取财富以及获取财富所带来的享乐。那可能会是一个黄金时代,但是这样一种事态能否实现还是大可怀疑的。相反,似乎每一种文明都必须建立在对于本能的压制和弃绝之上……我以为,我们必须重视这样的一个事实,亦即:在所有人身上都存在着一些破坏性的,并因此是反社会与反文化的倾向,而且在绝大多数人身上,这些倾向都足以决定他们在人类社会中的行为。

（Freud 1930:185）

107

在《文明及其不满》的篇末，弗洛伊德把对于这一事实的"重视"留给了读者。在弗洛伊德看来，压抑性的文明似乎隐含的此种僵局，显然是没有任何出路的。

弗洛伊德涉及文化的作品主要是为了揭穿信仰的真面目，而非对社会关系问题提供解决办法。他在个体层面上尝试提供的精神分析治疗——通过精神分析实践对个体疾病的症状进行修通和分析——很难被转移到群体层面上。例如，弗洛伊德把宗教看作是满足了对社会而言没有反而会更好的一种需要。然而，因为此种需要联系着那些最原始的欲望和童年期的恐惧——对于安全感的欲望，以及对于抛弃或惩罚的恐惧——所以，我们很难设想出此种需要是如何可能被克服的。

弗洛伊德在其有关文化和宗教的作品中对于文明化的批判，并非在某种更高级事物的名义下进行。他并未开出任何的药方来医治文明化社会的疾病。尽管弗洛伊德仰赖于有关"原始人"的一些靠不住的人类学思想，然而精神分析的主要作用却在于它驳斥了人类存在"自然"堕落的种族或阶级的观念；由于它把病态看作是与虽然复杂、强烈但却无疑是人类情绪生活的常态相连的，从而打破了病态是不道德的观念。

如此一来，在他写到文化和写到个体的时候，弗洛伊德便质疑了那些有关病理性行为是"不正常"的假设。在《图腾与禁忌》中，他设想说社会是因为一个创伤性的建制神话而患病的——对于既爱又羡的父亲人物的原初谋杀，同时产生了罪疚感与崇拜领袖或神灵的需要。通过探寻出神经症、部落宗教习俗与儿童信念之间的相似之处，弗洛伊德创造出了一个有层次的心灵图景。从某种意义上说，我们全都有着对于巫术的信仰，相信思想具有杀伤力，相信重复的仪式具有影响外部世界的力量，只不过这些巫术信仰

108 被埋藏在了文明化的理性信仰和科学信仰的表面之下。弗洛伊德生怕精神分析会被看作是(而往往都是如此)某种替代性的宗教。他希望自己的思想稳固地处在科学的一边。然而,他却往往又表现得像个宗教领袖那样;他要求来自其追随者的绝对的忠诚;他坚持真正的分析家永远都不会偏离他有关精神分析的核心教义的思想。我们可以说,弗洛伊德也一样因为信仰某种更高级的事物——某种替代性的神灵或是父亲的角色——而成为了难以医治的人类欲望的牺牲品。从某种意义上说,弗洛伊德把他自己和精神分析都树立成了那个父亲。

作为社会学理论,精神分析可能显得是相当保守的。对于像马克思主义所许诺的那种社会乌托邦,弗洛伊德并没有多少的信仰。他对人性的见解充满了悲观主义和怀疑主义的态度——他并不相信改变经济学因素即可改变基本的人性。弗洛伊德看似是接受了社会的规范,但他同时也承认这些规范并非自然的或是亘古不变的。恰恰相反,这些社会规范都被他看作是压抑性的,尽管往往也都是必不可少的。精神分析就此所能提供的一切,只不过是用一种新的方式来理解这些规范。从此种意义上说,精神分析便是在支持"现状"(*status quo*)。它并非一种有关个体改变或社会改变的理论。人性(它我)在其欲望上是难以根治的。

> ## 小　结
>
> 　　弗洛伊德涉及人类学的思想,现在都被看作是建立在有关"原始"人类与史前人类的错误假设的基础之上。然而,他的那些结论却往往会在心理学上激起人们的兴趣。在他有关宗教、社会与人类学的作品中,弗洛伊德看到了宗教仪式与强迫症患者和神经症患者的病态实践之间的很多相似之处。在《图腾与

禁忌》一书中,他创造了一则俄狄浦斯式的神话来解释社会的
起源——在这则神话中,一个部落中的兄弟群团联合起来推翻
并杀死了他们部落的领袖,亦即他们所有人的父亲,以便占有
部族中被禁止的那些女性。在《一种幻象的未来》与《文明及其
不满》中,弗洛伊德提出一个论题:宗教实践与文明社会的实践
的起源都是对于本能冲动的压抑。如我们所知,文明之所以存
在,就是因为人类能够进行升华的过程,通过此种过程,本能冲
动——有关性、食物、敌人死亡等的要求——被转变成了非本
能性的行为——诸如政治、艺术与音乐等,不过也还有神经症
性的疾病。弗洛伊德有关文明的思想把我们带向了这样一种
结论,亦即:我们全都是潜藏在无意识中的野兽;恰恰是文明的
那些压抑性的限制,防止了我们中的大多数人去把我们的欲望
付诸行动。根据弗洛伊德的观点,个体的童年期乃至种族的童
年期都会存留于个体心灵的深处,我们并不清楚文明能否对于
那些早期的欲望和需求提供一种令人满足的替代。相反,我们
的文明与宗教通常都是叫人类处于不满足的状态,想要更多的
幸福却无法实现它。从某种意义上说,文明主要就是对那些无
法无天的欲望进行约束并将它们有效地升华成可能的文化性
快乐的一种方式。现在,我们就要转向人们如何采纳了精神分
析的思想来解释这些快乐,特别是那些艺术性与文学性的快
乐,以及精神分析为什么会同时激起欣然的赞同和巨大的抵
抗,尤其是在最近这段时期。此外我们还会再度回到我在开篇
便提出的那个问题上:为什么是弗洛伊德? 再补充一句:为什
么是现在?

109

就像一部可无限重复循环的恐怖电影里的斧头杀人魔那样，精神分析越是被赶尽杀绝，它就越是会幽灵般地回来侵扰我们的文化。在弗洛伊德看来，这一点或许是并不令人惊讶的，因为他坚持声称压抑物总是会返回。对于弗洛伊德的那些猛烈攻击，无论是近来有关心理疾病的生物学原因的强调，还是转向基于进化心理学的有关人类行为的解释，都无异于是把精神分析变成了我们当今时代的压抑物。因此，从精神分析的视角来看，我们便大可期待它的强势回归，而其最近回归的最突出形式之一，即是在文学理论的领域。在这一结论章里，我将着眼于精神分析在 20 世纪如何从一种专门化的而且是引起很大争议的心理观，突然转变成了理解现代文学与文化的一种颇具影响力的方法，当然它还转变成了很多其他的东西。在文学批评与电影批评中，精神分析向来是特别有效的，它的那些阅读性的技术，皆在其中得到了广泛的传播，即便它们并非总是会被贴上精神分析的标签。正如我们在上一章里所看到的那样，弗洛伊德一直都渴望把精神分析洞见的领域拓展到众多新的领域之中。在本书的最后一章里,我们便会考察此种拓展是怎样发生在弗洛伊德之后的。

　　当我们想到"弗洛伊德之后"的时候,重要的是要记得:"弗洛伊德式"与"精神分析式"并不完全是可以相互替代的术语。从一开始,弗洛伊德的很多追随者就对他的某些思想持有异议,因而他们便构想出了与弗洛伊德的单个或多个前提不一致的他们自己的精神分析版本。在此,我只会捎带提及一下梅兰妮·克莱因[1],她是继弗洛伊德之后的一位重要的分析家,其思想同时得到了文学批评家与精神分析家的普遍接受。虽然克莱因认为她自己是在阐释和拓展弗洛伊德的那些原始理论,但是她也确实改变了弗洛伊德的很多强调重点。不同于弗洛伊德的是,克莱因直接跟儿童工作,她从而发现了小婴儿身上的那些杀气腾腾的暴怒和嫉羡的攻击性幻想。克莱因同样提出了一则有关死亡冲动的说法,而她跟幼小儿童的工作也表明了某些精神发展的戏剧甚至更进一步地延伸进了弗洛伊德所不愿去探索的婴儿期。如果说弗洛伊德的关切主要是俄狄浦斯危机与父亲对儿童世界的闯入,那么克莱因的兴趣则更多是前俄狄浦斯的爱恋、憎恨与渴望,以及不会说话的孩子及其与母亲之间的那种紧张的关系。克莱因发展了游戏治疗的技术,她假设了孩子绘画或者玩玩具的方式可以揭示那些潜在的幻想和焦虑,即便他们还太小,尚且无法用语言来表达自己的恐惧。此外,她还创立了对象关系理论(object relations theory)。弗洛伊德曾引入了对象选择的概念;也就是说,在幼儿发展过程的不同

1　梅兰妮·克莱因(Melanie Klein, 1882—1960),奥地利籍著名精神分析学家,后移民英国,成为儿童精神分析领域的先驱,她提出婴儿早期的"偏执分裂心位"(paranoid-schizoid position)与"抑郁心位"(depressive position)是日后所有精神发展的基础,其思想主要在精神分析领域内产生持续且深远的影响。——译者注

111

时间上,婴儿会选择父母中的一方或另一方来作为自己需要和欲望的对象。然而,克莱因的兴趣则在于父母的形象如何变得更进一步的对象化,以至于父母身体的某个部位,诸如乳房等,也可能作为爱的对象,或是作为撤走乳房的愤怒和焦虑的对象,在婴儿期的发展中扮演着一个重要的角色。因此,克莱因有关游戏与对象关系的思想,便给我们提供了一种方法来思考婴儿与母亲之间的早期关系,而有些女性主义批评家则将此看作是对弗洛伊德只关注俄狄浦斯式的父亲和男孩子的一项重要的纠正(见:Klein 1985;Rose 1993;Jacobus 2005;Phillips and Stonebridge 1998)。尽管本书的焦点是弗洛伊德,包括他的思想及其对于文学批评和文化研究的影响,然而同样值得记住的是,精神分析的其他版本也留下了它们的痕迹。

　　无论是在精神分析共同体的范围之内还是在它的范围之外,弗洛伊德的思想总是会激起大量的争议和讨论。在此番讨论的最后,我们也将着眼于被精神分析激发出来的很多强烈的反应——憎恨它或是爱慕它,信仰它或是怀疑它。弗洛伊德的个人生活,他的分析实践与他的性欲理论,都曾引起过巨大的激烈争论。近来最重要的批评之一,首先是源自于1970年代的女性主义运动。从那时起,女性主义对于弗洛伊德的批判,便在有些人将其看作是拆毁性的作业中得到了很多后来者的补充。在本书的最后,我们必须专注于弗洛伊德思想的解释,以便更有力地返回我们最先提出的那个问题上去:"为什么是弗洛伊德?"

弗洛伊德有关艺术与文学的作品

　　正如弗洛伊德企图把宗教和社会当作精神分析能够加以有效评论的对象而强行吞并那样,他也发觉自己把精神分析带向了关于艺术与文学的分析。然而,理查德·沃尔海姆[1]却指出,弗洛伊德涉及艺术的作品,通常都是聚焦在艺术家的心理上,而非聚焦在对于特定绘画或故事的分析上(Wollheim 1991:252)。弗洛伊德关于列奥纳多·达·芬奇与陀思妥耶夫斯基的文章,亦即《列奥纳多·达·芬奇与他童年的记忆》(1910)和《陀思妥耶夫斯基与弑亲》(1928),实际上都是精神分析性的人物传记;它们评论的都是艺术家,而非艺术作品本身。这就把我们带向了一个关键的问题:倘若我们不是把阅读建立在作者的记忆、童年和欲望之上,那么一种精神分析性的阅读还可能存在吗?精神分析性的阅读不是针对个人,而是针对文本,这究竟意味着什么呢?一些带有精神分析取向的后弗洛伊德文学批评家们把这些问题变成了他们计划的核心。在本章的下一节中,我将回到这些问题上来。

对于弗洛伊德自己,也是对于他的那些早期追溯者而言,从精神分析的角度来解读一部艺术作品,通常都会涉及深入研究艺术家在意识层面或无意识层面上的那些创作动机。在其《创造性作家与白日梦》(1908)一文中,弗洛伊德曾把艺术家的作品比作儿童的游戏:"我们是否可以说,每个孩子在游戏的时候都表现得像是一位创造性作家,因为他创造出了一个属于他自己的世界,或者更确切地说,他是按照自己喜欢的方式重新排列了自己世界中的事物"(Freud 1908a:131-2)。随着我们渐渐长大,这个早前的游戏时期就变成了我们白天常常沉浸于其中的那些白日梦。根据弗洛伊德的观点,白日梦如同游戏和夜间的梦境一样,也主要是为了实现那些我们无法在现实生活中实现的愿望。无意识在这些愿望中自

1　理查德·沃尔海姆(Richard Wollheim,1923—2003),英国著名哲学家、美学理论家,以心灵哲学和情感哲学的研究著称,其思想颇受精神分析学说的影响,主要代表作有《艺术及其对象》等等。——译者注

由地徜徉,去满足在现实世界中更加难以得到满足的那些幻想。幻想即是游戏的成年等价物,亦即我们不愿丢下的那些童年快乐的残余。如果一个人在幻想方面具有足够的天赋,能够把那些幻想转化为艺术的形式,那么这个人就会成为一位艺术家。

弗洛伊德认为,艺术创造性的来源与所有其他文化形式的来源是一样的,亦即:源自于那些得到升华的本能(有关"升华"的定义,见:第6章,第103页)。正如我们在上一章里所看到的那样,整个社会都是建立在压抑的基础之上;在日常生活期间,我们全都要学着去压抑。然而,有些人则比另一些人更容易做到这一点。如果你们还记得的话,恰恰是把那些神经症患者的欲望和冲动压制在精神的包裹之下,结果导致了他们的疾病。相比之下,对于这些潜在的导致神经症的欲望,艺术家们找到了一条更具创造性的出路。根据弗洛伊德的观点,那些伟大的艺术家都是接纳了自己童年期的那些性冲动,并且成功地把这些性冲动升华到了他们的作品当中。然而,正如弗洛伊德所意识到的那样,无论在任何意义上,这都无法解释艺术的才能或天才——我们全都会做白日梦,我们也全都会玩孩子的游戏,但是在我们当中却只有极少数人会创造出列奥纳多·达·芬奇或是陀思妥耶夫斯基那样的作品。尽管弗洛伊德并未声称自己能够解释是怎样的机制导致了某些人的升华被看作是美的,而其他人的则被当作是疯子的胡言乱语,但是这些问题却始终盘旋在弗洛伊德有关艺术与压抑之间关系的那些假设的背景之中。

弗洛伊德的这些解释的一大缺点,便在于它们似乎是把艺术天赋与神经症一概而论了;两者皆表明了主体应对现实的无能,以及对于童年期的那些冲动和欲望的压抑。艺术家之所以不同于神经症患者,仅仅是因为他具有补偿自己压抑倾向的天赋。此种假设的结果,便是把天才和神经症都一起捆绑到了"疯狂天才"的角色之中。在 20 世纪初,出现了一系列研究特定艺术家的"病史研究"(pathography),它们都是出自于精神分析学家和其他心理学家的手笔,也都是根据这些艺术家的病理性情结而对其创作进行的分析;涉及艺术和文学的很多早期精神分析著作,都可以被归入此类范畴(Wright 1984:34)。由于此种病史研究忽略了艺术作品的艺术地位——艺术作品的形式、格律、戏剧结构,等等——从而导致精神分析的解读变得限制重重且令人不满。尽管弗洛伊德在有的时候也会运用此种方法来演绎艺术家们的童年神经症,然而他却并非对此完全深信不疑。

114   即便弗洛伊德不去推测艺术家的那些早期的本能动机——例如,列奥纳多的同性恋及其对于母亲的依恋(见:《列奥纳多·达·芬奇与他童年的记忆》,1910)——他往往也都会分析各种短篇故事、神话、长篇小说和戏剧的内容。他通常都会用文学资料来给自己的理论提供支持性的证据,其中最著名的便是他援引了索福克勒斯的《俄狄浦斯王》与莎士比亚的《哈姆雷特》来支持自己有关俄狄浦斯危机的思想(关于"俄狄浦斯",见:第 3 章)。作为文学批评家的弗洛伊德表现得就像作为精神分析家的弗洛伊德(就此而言,还有作为侦探的弗洛伊德)一样:他会仔细地梳理这些文本,从而揭示出书中人物角色的那些行为动机。他通常都会再度发现这些动机性的力量是埋藏在人物角色的过去之中的。

让我们举一个出自《释梦》的例子:弗洛伊德问道,为什么在这部戏剧的关键时刻上,即便哈姆雷特得到了完美的机会来报自己的杀父之仇,他也无法杀掉自己的叔叔克劳迪乌斯? 根据弗洛伊德对于这部戏剧的俄狄浦斯式解读,哈姆雷特的犹豫不决乃是基于这样的一个事实,亦即:他过于紧密地认同了那个他需要去杀掉

的男人。克劳迪乌斯谋杀了哈姆雷特的父亲并且迎娶了他的母亲,然而他只不过是上演了哈姆雷特自己的俄狄浦斯式欲望:

> 哈姆雷特能够做出任何事情——除了向杀害了他的父亲并在他的母亲那里取代了父亲位置的那个男人复仇,因为这个男人向他展示了他自己童年期的那些被压抑的愿望的实现。于是,本应驱使他去报仇的那种憎恶,就被他身上的自我谴责和良心责备所取代,提醒他说自己其实也并不比他要去惩罚的那个罪人好到哪里去。

（Freud 1900:367）

这则解释依赖于我们可能想要仔细考察一番的某些假设。在此,弗洛伊德从分析作品"作者"(author)的性格和动机,转向了分析文本或戏剧中"人物"(character)的个性和动机。不过,他的这些方法也招致了一些同样的反对。我们可能有理由会问:事实上,我们知道,文本中的人物完全都是作者虚构出来的,他们根本就从来没有所谓"真实"的童年期,那么我们又如何能够联系于人物的童年幻想和欲望来解释剧中人物的动机呢? 小说中的人物并不具备某种可资利用的创伤性记忆的储备;他们不会做梦,除非那些梦是在他们的故事中被加以明确描述的;他们也不会目睹自己父母性交的原初场景,除非该事件被包含在作品本身之中。如果说在对一则文本的解读之中存在着一种无意识的运作,那么该词的意义就必定会截然不同于它被应用于人类个体时所携带的那种意义。在本章的精神分析文学批评一节中,我们还会返回到这一问题上来,不过,暂且让我们先举出一个例子来细致考察一下弗洛伊德在分析文学作品时所使用的那些方法。

《怪怖》(1919)

弗洛伊德有关文学的某些最有趣的思辨,都出现在他避免上述两种精神分析取径来研究艺术的时候——亦即:把虚构人物看作是可以接受分析的有着真实过去的真实人物,亦或假设我们完全可以通过分析作者童年期的那些性的幻想和精神动机等来理解一部艺术作品。在他的《怪怖》一文中,弗洛伊德对于贯穿在文学和生活中的一个概念进行了深入的探讨。《怪怖》混合了一些富有深刻洞见的思辨和偶尔显得笨重的解读。在这篇文章里,弗洛伊德致力于揭示出一个美学概念的意义——"怪怖"感。他探讨的"怪怖"(德语:unheimlich)一词,指的是我们发现存在于文学与生活中的一种特殊形式的骇人现象。当我们遭遇到此种怪怖现象的时候,我们会感觉到毛骨悚然,或许也会感觉到对于那种恐惧的确切来源的不确定。然而,那个让人们觉得是骇人恐怖的东西,却是因人而异的。在这篇文章里,弗洛伊德尝试从不同形式的怪怖当中找出一条共同的线索。他追溯了德语"unheimlich"一词的意义演变,也对很多被他认为是怪怖的文学作品进行了分析。至于是什么把所有这些体验结合了起来,弗洛伊德最终得出了如下的结论:"怪怖,即是把我们带回到过去了解且长期熟悉的事情上的那种骇人的恐怖"(Freud 1919:340)。

弗洛伊德首先是通过查阅德语词典了解到"heimlich"一词的历史,从而得出了此一结论。"heimlich"原本是"在家"的意思,该词表达了"熟悉"、"私下"或"亲密"的意思[1]。随着弗洛伊德追溯

---

[1]　这里值得一提的是,海德格尔后来也在其《存在与时间》中探讨了源于熟悉事物的突然异化而产生的此种"无家可归"(unheimlich)的莫名恐惧感,并将其看作是此在被抛在世的基本方式,面对此种"无家可归"的状态,此在便会逃避到沉沦于"常人"的那种熟悉的状态之中。——译者注

该词的起源,他发现该词渐渐具有了某种完全不同的意思,亦即:"隐秘"或"隐蔽"的意思——而这恰恰是"熟悉"的反义词:"因而,'heimlich'一词的意义是沿着矛盾的方向而发展的,直到该词最后与其反义词一致:'unheimlich'"(Freud 1919:347)。弗洛伊德追问道:为什么会存在这样一种矛盾的双重意义呢?

弗洛伊德试图通过分析各种怪怖的例子来回答这一问题,在这篇文章的一个小节中,他对德国作家霍夫曼[1]的志怪小说《睡魔》花费了大量的笔墨。我不会深入探讨弗洛伊德的此种复杂解读的所有细节,而只是强调他也同样强调了的一个细节。弗洛伊德把涉及一个小男孩恐惧失去眼睛的一幕特殊场景解释为必要的象征性阉割。在这样的一个时刻上,弗洛伊德读起来就仿佛是一位粗暴的弗洛伊德主义者,在运用那种笨拙的象征性的带有性意味的解释来揭示这则故事的真正(性的)意义(关于弗洛伊德的性的象征意义及其"粗暴"运用,见:第3章)。事实上,在该文的其他部分中,弗洛伊德所讨论到的其他那些怪怖感的来源也是同样丰富而广泛的。

我们可能会怀疑,相较于性欲而言,死亡可能是怪怖的一个更加自然的来源,而弗洛伊德起初显然也是对此表示同意的:"很多人都会体验到那种同死亡或死尸、死者还魂、幽灵和鬼魂有着最大程度的关联的感受"(Freud 1919:364)。怪怖感也同样跟对分身(double)的恐惧有着很大的关系,尤其是对于某人自己具有分身的恐惧。弗洛伊德宣称,这种恐惧同样联系着关于死亡的早期信仰。

1　恩斯特·西奥多·阿玛迪乌斯·霍夫曼(E.T.A. Hoffmann, 1776—1882),原名恩斯特·西奥多·威廉·霍夫曼(Ernst Theodor Wilhelm Hoffmann),德国短篇故事作家兼小说家,德国浪漫主义文学代表人物,其作品以诡异怪诞的风格而著称,《睡魔》是其短篇小说的代表作。——译者注

当提到另一位分析家奥托·兰克[1]的《分身》一书时，弗洛伊德写道，古代宗教或习俗中的分身"原本是一种防止自我毁灭的保护措施，诚如兰克所言，是'对于死亡的力量的一种积极的否认'；或许，'不死'的灵魂就是身体最初的'分身'"（Freud 1919：356）。根据弗洛伊德的观点，有关死者的这些形象，原本是想要保留生命与死亡之间的某种连续性，亦即意味着灵魂是继续活着的。然而，在某一时刻上，分身却发生了逆转，变成了对于死亡即将来临的一种预兆，而不再是对抗死亡的一种保护。

对于弗洛伊德而言，怪怖及其双重意义的此种矛盾特性——熟悉与不熟悉——与压抑物的重复性返回是不可分割的。如果我们经常重复一个熟悉的词，它就会开始变得陌生起来；那些古老的信仰本来是想要慰藉人类生命的短暂，然而却转变成了对于死者的恐惧。弗洛伊德的一个例子绝佳地说明了他是怎样把这种对于死者的恐惧又带回到了精神分析特别钟爱的论题上，亦即那些围绕着性欲的恐惧与焦虑：

117　　　　　经常发生的是，患有神经症的人们会宣称他们感觉到了关于女性生殖器官的某种怪怖事物的存在。然而，这个"怪怖"（unheimlich）的地方，却是所有人类进入原先的"家"（Heim）的入口，也就是进入我们当中的每个人从前和起先曾生活过的那个地方的入口……每当一个人梦见一个地方或乡村并在他仍然做梦的时候对自己说道"这个地方我很熟悉，我

1　奥托·兰克（Otto Rank，1884—1939），奥地利精神分析学家，弗洛伊德的早期追随者，后与弗洛伊德决裂，他在精神分析领域中最著名的建树便是提出了"诞生创伤"和"意志疗法"的概念，其主要著作有《艺术与艺术家》、《英雄诞生的神话》、《真理与现实》、《意志疗法》以及《诞生创伤》等。——译者注

先前曾来过这里"的时候,我们便可以把这个地方解释为他母亲的生殖器或者是她的身体。

（Freud 1919:368）

弗洛伊德的诸如此类的解读,可谓把他的创造性天赋展现得一览无余;它们也可能让他听起来像是一位一本通的奇才。当然,这个"一本通"就是性欲——所有生命的来源,然而在此悖论的是对死亡的提示。"家"即是子宫,而子宫则是在我们作为个体开始我们的生命之前我们所在的地方;因为联系于自身的死亡,围绕着女性生殖器的此种"heimlich/unheimlich"的矛盾双重意义,便在幻想中使我们回到了先前安全的、受到保护的,但却同时也是致死且骇人的那种出生前的状态。弗洛伊德的理论表明,孩子们虽然想要了解自身的起源——"婴儿从哪里来?"的问题——但也同样被迫要面对一个骇人恐怖的事实,亦即:他们曾经并不存在;在他们自己成为人类之前,他们原本是来自于其母亲体内的一个强大的"无名之地"（有关俄狄浦斯与这些问题的关系,见:第3章）。子宫是我们所有人的最早的家,而在逻辑上说,它也可能看上去像是先于我们自身存在的一个令人恐惧的、死寂沉沉的地方。

然而,沿着回到子宫的思路,弗洛伊德也同样涉及了怪怖效果的显著文学性,他把那些怪怖的感觉定位在了介于虚构与现实之间的边界上。他写道:"当想象与现实之间的区分被消除掉的时候,比如说,当我们先前将其看作是想象的某种事物突然在现实中出现于我们面前,或者是当一个象征符号接管了它所象征的事物的全部功能的时候,往往就容易产生某种怪怖的效果"（Freud 1919:367）。这一点也表明了精神分析与文学批评关系非常密切的另一个方面。精神分析的主要关切是维持想象与现实之间区分的困难。当我们梦境中的表面幻想的内容告诉了我们有关我们过去和我们现在的某种真实的事情的时候;当我们最早同我们父母之间的那些幻想性的关系影响了我们如何看待我们自己和我们的

118 生活的时候;那么,此种怪怖的面向便显然可能是我们理解弗洛伊德那些核心论点的关键所在。如果说精神分析的核心关切是我们如何或者能否越过想象与现实之间的界线,那么它实际上就是一种真正的文学性事业。

在写作《怪怖》的过程中,弗洛伊德就像一位文学批评家那样运用了自己相当大的天赋,而且他也再度发觉自己是处在了产生矛盾的那个熟悉的领域之中。一方面,他指出,怪怖感可能是与我们永远不可能把我们心灵与我们"现实"的运作完全分离开来有关。他非常着迷于充满可能性的文学领域——由艺术家、作家乃至我们所有人在幻想中探究的"想象"世界——会以怎样的方式来冲击、影响并塑造我们的"真实"生活。弗洛伊德的这些思辨,因此便突显了我们不可避免要作出更进一步的解释;怪怖无法被牢固地确定为一种事物(幻想)或另一种事物(现实),因为这两者或许并非像我们所希望的那样是可以分离开来的。另一方面,他对《睡魔》中的事件或是对人类的死亡恐惧的那些象征性的解读,也不可避免地导向了同一个舞台:阉割亦或子宫,亦即早期的本能欲望与性欲望的领域。

正如我们所看到的那样,这些欲望通常都是根据它们是文本中人物的欲望还是文本的作者的欲望而加以分析的。因而,如果说这两种精神分析性文学解读的有效性是存在局限的,那么,现代文学批评又为何会觉得精神分析是那么令人叹服呢?文学批评又是如何吸收了弗洛伊德思想并对它们进行了改变,以避免把人物或作者放到精神分析躺椅上的陷阱呢?

弗洛伊德之后的精神分析文学批评

如我们所见,弗洛伊德有关特定艺术与文学作品的评论,皆是典型地在考察作品中人物或艺术家自身(通常是其本人)的那些精神动机。即便当弗洛伊德误入了其他类型的文学分析的时候,譬如在他对"unheimlich"一词的分析中那样,他所分析的材料也都不可避免地是作品的"内容"(亦或是艺术家生活的内容)。近来有些理论家注意到了精神分析之于文学批评的潜力,他们往往都会聚焦于被弗洛伊德忽视的一个领域,亦即:作品的"形式"。为了举例说明这两种不同类型的分析性解读——内容对形式——我将首先转向弗洛伊德的一位分析家同事兼朋友的解读,亦即玛丽·波拿巴(1882—1962)。

119

玛丽·波拿巴在其厚厚一本有关埃德加·爱伦·坡[1]的研究中,分析了这位处境艰难的作家,他的穷困潦倒、酗酒成瘾,以及他跟自己年仅13岁的表妹的婚姻,这些都使他成为了精神分析倾向于把艺术家的作品看作是其(神经症性的)生活写照的一位理想的人选。波拿巴不但通过爱伦·坡的生活来解释他的故事,而且还分析了他的很多篇恐怖小说,从而表明这些故事如何揭示出了他对于自己死去的母亲的固着,以及此种固着又如何表现在那些恋尸癖的欲望(亦即:受到死者的性吸引)之中。在坡故事里的那些地牢与墓穴中,波拿巴发现了女性和男性的生殖器象征;根据波拿巴的说法,在坡的著名小说《被窃的信》(其中,一封失窃的信最终被侦探大师迪潘发现于最显眼的地方)中,这封信就隐藏在最显眼

1　埃德加·爱伦·坡(Edgar Allan Poe,1809—1849),英国著名诗人、小说家、文学评论家,以哥特风格的恐怖小说与侦探小说闻名于世,其代表作有《黑猫》、《厄舍府的崩塌》以及诗歌《乌鸦》等。——译者注

的地方,也即挂在壁炉架上,从而象征着挂在男人两腿之间的那个令人渴望的阴茎。波拿巴并未留意到坡讲述故事的方式,亦即:它们的叙事结构或者修辞技术;她的这种解读是一例基于内容的精神分析性的解读。在波拿巴看来,坡写的是短篇故事和诗歌,而非长篇小说和戏剧,这一点根本无足轻重。内容——性的象征意义——都是一样。

　　倘若对于坡的精神分析解读在聚焦于内容的同时还聚焦于形式的话,那么它便可能会考虑到:坡的很多故事都是以第一人称来讲述的;其中的一些看起来就像是对于罪行的招供;他的诗歌的韵律是怎样影响了读者或听者的理解。虽然性的象征意义可能仍旧会进入一种聚焦于作品形式的解读,但是性象征的意义却会相对于作品中的其他形成因素而发生改变。法国分析家雅克·拉康的《关于"被窃的信"的研讨班》就截然不同于波拿巴的解读,拉康的方法太过复杂,我们难以在此概述,但是他的方法都有赖于对作品中人物进行结构性的解释;有赖于人物采取的是知道还是无知的位置;也有赖于相对彼此而言的权力与权力剥夺。在本章的下一节中,我还会再简略地返回到拉康的理论是如何经由语言的透镜来重读弗洛伊德的问题上来(亦见:Lacan 1988:191-205;Wright 1984:105-7;Bowie 1991)。

120　　尽管把特定的文学形式纳入考量的那些解读似乎更可取一些,然而我并非在主张说,那些基于内容的精神分析解读就一定是错误的。对于文本公然进行性的解读,很容易就会变成批评家们讽刺的目标——假如《麦克白》里的每一把匕首都代表阴茎,那么这部戏剧可能开始看似可预测了。不过,性的象征意义也可以就文学提出一些有趣的解释。然而,如果性的象征意义被孤立地使用,而没有参照于一则故事的特定叙事结构或修辞技术,亦或是一首诗歌的句法或形式,那么精神分析批评家们所发现的就可能始终是他们期待去发现的东西:阳具或回到子宫的表象便会不断地增多。

那么,除了聚焦于性的象征意义的这种基于内容的方法之外,精神分析还有什么是可以提供给文学批评的呢? 我们能否作出这样一种精神分析的解释,其中对于文本的解读并非聚焦在性的方面——要么就是作者在性方面的问题,要么就是叙事的性的象征意义? 打破此种僵局的一条出路,可能就是着眼于弗洛伊德思想的其他领域——例如,他对解释的技术与作用的兴趣。正如我们在第3章里所讨论的,弗洛伊德用来解释人们梦境的那些技术和概念——自由联想与梦的工作——开启了一种可能性,从而使解释变为一种无尽的过程,而非只有一种答案的谜语。

把焦点集中在梦的工作与自由联想之上,也就提供了另一种方式,来对精神分析可以提供给文学的东西加以不同的思考。如果说解释是一种不会抵达确定终点的过程,那么读者与文本之间的关系就有可能类似于分析家与卷入转移过程的病人之间的关系。乍看起来,这可能是不合逻辑的。如果你们还记得,精神分析的转移(见:我们先前给出的定义,第38页)是发生在两个人之间的。在分析的工作中,病人会把他对其他人(例如,他的父母)所持有或曾经持有的那些强烈的情感转移到分析家身上。从某种意义上说,精神分析的诊疗室就仿佛一个处在转移过程中的剧场;病人会致使分析家在无意识层面上扮演某种角色,而病人则好像是回应其早年生活中的某个人那样来回应他的分析家。

转移意味着对于他人的解读和理解始终是一种涉及交换情感预设的过程。对此,一种简单的说法可能就是:每个人都会将其过去的情绪重担带向自己所形成的每一段新的关系——每个人的无意识都会残留着跟父母和兄弟姐妹的那些早期关系的痕迹,更不用说是跟以前的朋友和恋人。所有的关系都是经由这些早前的时刻被重新构造的;正如我们所知道的那样,即便当童年早期的那些期待与失望看似遭遗忘的时候,它们也都会继续存在于无意识之中。

精神分析的一项目标,便是转换这些早期情绪出现的形式,把那些不受控制的情绪转变成得到很好理解的有关过去的叙述。弗洛伊德在其《回忆、重复与修通》一文中便描述了此种运动是经由转移的角色而上演的,而且从另一个方面来说,也是病人得以走向健康的关键一步。当病人陷入转移的时候——例如,把分析家当作父母来看待——他们并不会意识到自己在这么做。病人会被他们所扮演的角色和他们把治疗师带入的角色完全包裹起来;他们会无意识地重复来自其过去生活的那些场景,而无法走出这些重复并认识到其强烈情感的那些由来。分析家的工作即在于带领病人走向对于他们两者共同表演的这场戏剧的认识。一旦病人回忆起来是怎样的事件和情绪激发了他们生活中的那些阻碍和重复,一旦他们开始建构出了某种叙事,从而使他们能够去分析自己的行动和情绪,而不仅仅是将其反复付诸行动,他们便走向了分析的下一阶段——修通。"分析的成功取决于把重演转化成记忆:通过'谈话治疗',回忆的语言便会取代对于过去的那些强制性排演"(Ellmann 1994:8)。

讲述故事与角色扮演对于分析场景而言的重要性,在转移的这则定义中变得清晰起来。但是,我们仍然是在谈论介于两个人之间的讲述故事和角色扮演,而非介于一个人和一部文学作品之间。介于两个人之间的转移似乎是说得通的,但是介于读者和文本之间的转移是否有可能存在呢? 我们又如何能够跟文学建立一种转移关系呢?

后结构主义的精神分析文学批评家们借用了转移的概念来论及阅读的行为，他们强调弗洛伊德的理论有很大一部分都是在主张阅读的行为始终是一种过程，而且从来都不是一种完全稳定的过程。当我们进行阅读的时候，文本会影响到我们；我们的阅读也会影响到文本。后结构主义批评同样强调的是，作者的意图永远都无法完全根据给予我们的文本来检索（见：Barthes 1995）。作品一旦落笔成文，其自身便会同作者的意图分离开来——虽然我们可能以为自己知道作者想要传达的意思，但是我们却永远也无法完全地确定，因为正如弗洛伊德连同历代的诗人和小说家们所共同表明的那样，语词总是会产生多重的、多层的意义。它们在不同的语境下会代表着不同的意思，而有时则在同样的语境下会表达双重的含义（想想看"unheimlich"的例子）。此外，精神分析对于无意识的动机和意义的深入探究也表明，即便我们与作者共处一室，可以向其询问他或她想要表达的意思，我们也无法确定一则文本背后的那些意图。无意识欲望的存在意味着：甚至是（或者，正如弗洛伊德式的口误所隐含的那样，有的时候尤其是）对于我们自己而言，我们的动机也可能是晦暗不明的。因此，对于确定一则文学文本的单一稳定意义的不可能性，我们便可以在此看到两种相关的论点。一种论点是说语言本身延迟了意义——语词的意义总是可能会转换和改变（例如，如果你在字典中查阅一个字词的意思而试图把它确定下来，那么你就势必会查到更多的字词，你也就必须去查阅更多的意思。此一过程没有任何可预见的终点）。另一种论点是说无意识欲望的存在也同样延迟了意义的最终指派：因为无意识的存在，一则文本总是会有更多的意味，也总是会有别于作者的意图；我们可能也总是会说出某种我们本无意表达的意思。

在出现于早期精神分析文学批评的那种关系中，精神分析曾对文学的分析对象占据了分析家的解释性位置。通过精神分析的框架来看待一则故事，便会揭示出其隐藏的（通常是性的）意义。然而，像肖珊娜·费尔曼[1]这样的一些批评家则指出，此种关系可能是被颠倒了的；文学作品也同样可以有效地解读精神分析，揭露并批判精神分析的那些假设和立场（Felman 1977a）。这首先就意味着，我们同样也可以使弗洛伊德的作品经受我们应用到诗歌或小说的那种过程。始终贯穿于本书的一个潜在的主题，即我们应当加以批判性地阅读弗洛伊德，以便发现其思想中的那些矛盾和断裂，同时也应当读出他的修辞。当我们着手个案研究并像阅读一部"世纪末"的情节剧小说那样阅读"杜拉"的个案时，如果我们把弗洛伊德关于杜拉的报告看作是一则医学案例的科学的、客观的展开的话，那么这些阅读便会呈现出非常不同的面貌。虽然我们总是会给一则文本带去种种预设（例如，当我们坐下来阅读一篇医学研究时，我们所拥有的那些期待），但是我们对于文本的阅读却总是能够破坏那些预设。正是在此种意义上说，读者便可以被看作是参与了跟一则文本之间的某种转移的动力学。

此外，当弗洛伊德进行写作的时候，他关心的是使读者信服他的立场，这一点是毫不令人惊讶的。他会反复地运用一些隐喻来帮助他确立自己的主张——例如，考古学与精神分析之间的比较，我们从中发现过去的文明被掩埋在现在的文明之下（至于对弗洛伊德的修辞的分析，见：Fish 1988 与 Mahony 1987）。在对他周围的证据进行解释的过程中，弗洛伊德也同样构建出了一种具有强大

1　肖珊娜·费尔曼（Shoshana Felman, 1942 年生），美国著名文学批评家，其研究领域主要涉及近现代法国文学与拉康派精神分析批评，著有《女人想要什么？——阅读与性别差异》(1993)、《拉康与洞见的奇遇——当代文化中的精神分析》(1987) 及《写作与疯狂：文学/哲学/精神分析》(2003) 等，另编有一部论文集：《文学与精神分析：阅读问题——在其他方面》(1982)。——译者注

修辞学效力的方法来解读这个世界。从精神分析的这些解释方法中,我们可以学到的一课便是:阅读过程并不只是涉及发掘出文本中已然存在的东西;它也总是涉及某种创造或建构。对于安娜·欧而言,重构她的过去同时也就意味着用她当时能够控制的一种方式来重新对其进行建构。在本书的卷首,我曾将弗洛伊德描述为对于我们的文化而言的一位神话缔造者。神话缔造者可以被定义为这样的一个人:他所创造的那些故事会让别人觉得叹为观止,而且也会让别人从中看到自己的影子;从某种意义上说,这些故事既是真实的,同时又是变得真实的。

或许,这样可以使我们更加接近于理解到在文学与精神分析之间可能有着怎样的转移。精神分析作为一种阅读与理解的技术,它的力量部分地有赖于它对意义建构的重要认识,在所有讲述故事的企图中,无论这则故事是童年记忆,是科学理论还是童话故事,意义的建构都会一直存在。或许,正确的问题并非"我们如何可能对一则文学文本产生转移",而是"我们如何可能不对一则文学文本产生转移"。当我们进行阅读的时候,我们便是把语言从纸上的僵死文字——这些文字都是可以进行无限解释但却尚未得到解释的记号——变成了充满意义的对象。虽然作为读者,我们给文本赋予了新的生命,但是我们也同样是经由过去阅读的透镜来阅读它们的。我们同样可以宣称是文本在阅读我们,我们就我们的"真实"生活所讲述的那些故事同我们阅读过的虚构小说和我们经历过的虚构形式是不可分割的。我们可以把我们自己的生活看作是采取了某种浪漫小说或者医学病案的形式(例如,狼人同弗洛伊德关于其生活的著作之间的关系,见:第 65 页至第 68 页)。弗洛伊德所提出的转移概念,是近来很多阅读理论中的一个重要的面向,诸如读者反应理论[1]与后结构主义精神分析理论,等等。法国精神分析学家雅克·拉康(1901—1981)把后结构主义对于语言运作的关注同弗洛伊德通过强调记忆与性欲的核心性和转化形式而发掘出的欲望结合了起来,此种结合在他的精神分析著作中扮演着一种至关重要的角色,我现在便要转向拉康。但是,在此之前,我会首先探讨女性主义对于弗洛伊德的批判,以及女性主义随后又改造出一段不同的弗洛伊德的历史。

女性主义、弗洛伊德与电影理论

在本书的自始至终,特别是在有关性欲与个案研究的那两章里,我们或许可以清晰地看到,女性主义者们为何会有充分的理由对于精神分析的那些演绎感到不满。众所周知,弗洛伊德有关女人的看法,充满了很难与女性主义观点相一致的思想。在 1970 年代至 1980 年代(正如早前在 1920 年代),弗洛伊德的女性读者便对他的很多思想提出了质疑。其中主要的质疑就是弗洛伊德聚焦于阴茎嫉羡,而这意味着女人被看作是不完整的男人:女人是缺少了某种东西的男人。弗洛伊德集中讨论了俄狄浦斯危机对于两性所采取的冲突的方向,而这也同样导致他主张女人的道德发展比男人的弱得多:"对于女人而言,伦理规范的水平截然不同于它在男人那里的表现。女人的超我从来都不是那么的无情,那么的非人,那么的独立于其情绪的起源,而不像是我们在男人身上规定的超我那样"(Freud 1925b:342)。精神分析的思想过去也常常声称:

1　读者反应理论(reader-response theory)兴起于 20 世纪 60 年代,由斯坦利·费什(Stanley Fish,1936 年生)提出,顾名思义即是聚焦于读者对于作品的反应的一种文学批评理论,例如该理论主张文本不存在"单一确定的含义",其含义取决于读者的主观反应的创造。——译者注

女人天生就是被动的和受虐的。尽管弗洛伊德关于性欲的很多早期论点的力量皆已远离了生物决定论,然而他的很多后期文章却也意味着精神决定论——性欲与性别差异在无意识中的发展——同样是不可避免且危害严重的:"即便是那些……支持精神分析理论思想的人,也往往不是把精神分析看作一种有关性别差异的理论,而是将其看作对于那些业已存在的社会角色的某种合理化与合法化"(Appiganesi and Forrester 1992:457)。

　　西蒙娜·德·波伏瓦就曾在其最早出版于1949年的女性主义经典著作《第二性》中指出,精神分析完全聚焦于男性的发展模型,把男孩的阴茎当作男孩和女孩共同渴求得到的那个被欲望的对象而置于世界的中心(de Beauvoir:[1949]1992)。《第二性》指出了弗洛伊德在其有关精神幻想之结构的普遍化分析中如何忽视了那些促使所有男孩和女孩的内在生活得以形成的社会不平等。在那些父权制的社会当中,男孩子比女孩子拥有更多的价值;他们也拥有更多的社会权力。如果弗洛伊德所谓的阴茎嫉羡这样一种东西是确实存在的话,那么我们也要在逻辑上将其看作是小女孩对于阴茎所代表的事物的嫉羡,而非对于那个对象本身的嫉羡。正如莫德·埃尔曼[1]所言,"女人完全有理由去嫉羡那个许诺了权威与自由的器官"(Ellmann 1994)。

　　此种立场可以被看作是既贬低又支持了弗洛伊德有关性别差异的理论。一方面,它批判了弗洛伊德有关女性性欲的决定论思想,因为这些思想没有看到父权制的权威如何把女性置于约束性的社会情境之下。只需回看一眼杜拉的故事,便会轻易地使我们

125

1　莫德·埃尔曼(Maud Ellmann,1954年生),美国文学批评家,主要著作有《饥饿的艺术家》(1987)、《精神分析文学批评》(1994)以及《非人的诗学》(2013)等。——译者注

相信弗洛伊德并未看到杜拉个案中的某些面向,而且他有时也强势地错误处理了她的情绪状态。另一方面,波伏瓦的理论也可以被用来指出弗洛伊德论点的强大效力。如果我们稍微改变一下弗洛伊德的措辞,我们便可以说,弗洛伊德在他对女性把性别差异体验成某种丧失或缺失的分析上是正确的;然而,此种丧失却并非一个器官的丧失,而是一个位置的丧失(事实上,这个位置是女人永远也无法占据的)。它不是一个特定的身体部位,而是每个人都渴求得到的权威、自信与自尊。在我们的社会里,男性显然比女人拥有更多的机会,可以获得这些社会权力和自我构成(ego-forming)的权力。因此,便有一种论点主张,弗洛伊德在性别不平等的结构上是正确的,即便他在性别不平等的原因上是大错特错的。

　　雅克·拉康这位古怪难读但魅力非凡的法国分析家,不但接受了弗洛伊德有关性欲与无意识运作的思想,而且还把那些思想应用于语言,他从而宣称性欲与性别身份始终都是在语言内发生的。让我们回想一下我们早前有关哺乳期婴儿的讨论:在婴儿时期,只有当我们对于食物或温暖的需要没有得到满足的时候,我们才开始意识到我们是世界上的孤立的存在。在意识到我们是有缺失的那个时刻上,我们哭了出来,于是我们便进入了语言的领域,也同时把我们自己理解成孤立的个体(见:第3章,第41页至第42页)。对于拉康而言,这个故事是非常重要的,而且他也将其联系于语言中的性别化的同一性的发现。婴儿认识到自己是一个"我",亦即一个自我,并最终透过语言来宣称这个"我",从而渐渐地开始了解自己。当我们说出"我"的时候,我们也就认识到我们自己有着同那个"我"是不可分离的一种性别同一性。不过,"我"却是一个极端不稳定的词:语言学的话语将其命名为"转换词"(shifter)。"我"总是指涉着那个言说的人,而此人的身份却会根据是谁在使用那个词而发生转换。"我"的此种转换性因而就表示了身份同一性在语言中的关系性与转换性特质,而"我"的性别位置同时也是我们身份同一性中的一个不可避免的部分。

拉康也同样改变了弗洛伊德有关阴茎核心性的概念,他用了另一个术语来取代"阴茎"——"阳具"(phallus)。根据拉康的观点,阳具所象征的并非生物性的男性器官。然而,拉康并不同意波伏瓦的说法,亦即:阳具仅仅象征的是社会建构起来的男性父权的位置。相反,无论对于男性还是女性而言,阳具都是一个能指:它代表着语言中的一个位置,它是两性所共同渴望但两者皆无法抵达的一个完整且满足的位置。在拉康看来,语言即是回应了一种普遍的缺失——我们学着象征化,以便表达我们缺失我们全都需要的某种东西(食物、温暖、安全)的感觉。我们开始使用语言,以便告诉我们的父母我们不再完整,不再与世界合为一体——我们向他们指出我们是有缺失的,以期望他们能够来填补那一缺口。

根据拉康的观点,迫使我们使用语言以期填补那一缺口的这种原始的丧失感,也同样会驱使我们意识到我们自身是孤立的个体。由于认识到丧失,作为语言的操纵者,我们便在语言中获得了我们的身份感。然而,这一身份感却始终都是带有悲剧性的,因为此种身份同一性的基础是一种永远不可能得到填补的缺失。对于拉康而言,语言便对原初分离的精神裂隙的创口起到了一种"创可贴"(sticking-plaster)的作用。在拉康的图式中,这个没有人拥有的阳具,于是便许诺了完整、圆满、完美的知识与权威的可能性,不过无论是男人还是女人,却都无法拥有阳具,因为它是语言中的一个无法抵达的位置。因为所有的语言都是以缺失为基础的(我们用一个词来表示某种事物,是因为我们并不必然拥有那个事物本身——我们说出"猫"这个词来传达一种特定的意义,尽管事实上可能并没有一只猫在房间里),我们全都生活在那种无法实现的欲望的统治之下。完全得到满足的欲望,就像是完整且完满的身份同一性那样,是一种幻想;实际上,这恰恰就是精神分析试图去处理的一种最典型的幻想。弗洛伊德关于无意识的定义,使那种全然的自知、无缺的身份同一性变得无法设想。尽管我们可以把一些无意识的欲望带上表面,然而无意识本身却是永远不可能被根除的;在我们自己的身上,始终存在着一些深不可测的面向。对于拉康而言,我们的性别和语言的同一性便是围绕着此种浑然不自知(self-ignorance)与缺失而合并起来的。

尽管拉康本人远非女性主义者,然而女性主义批评家们却用他的思想来说明了性别差异如何依赖于精神性的幻想而非依赖于生物学的事实。在拉康的象征系统中,男女两性与阳具之间的关系,同样也都是一种缺失的关系;并不是说男人们在现实中就拥有女人们在幻想中所渴望的东西。从此种意义上说,拉康的理论便对女性主义批评家们产生了深远的影响,她们把性别身份在语言中建构的核心性看作是一种有益的方式,让我们得以认识到性别差异是一种建构,而同时又认识到此种建构是内在于我们自身作为孤立的、言说的、性化的个体的形象(见:Mitchell 1974;Mitchell and Rose 1982;Brennan 1989)。

同样,拉康对于身份同一性是经由语言并在语言中得以构成的强调,也使他对于精神分析文学批评而言显得格外重要。肖珊娜·费尔曼对亨利·詹姆斯[1]的灵异小说《螺丝在拧紧》的出色分析,便从根本上有赖于拉康关于读者与文本之间可能存在转移的

1　亨利·詹姆斯(Henry James,1843—1916),英美小说家,19世纪现实主义文学的代表人物之一,其作品以刻画人物的内心世界而开创了精神分析型小说的先河,代表作有《贵妇的肖像》、《鸽翼》、《使节》、《金碗》、《螺丝在拧紧》以及《丛林猛兽》等。——译者注

观念。詹姆斯的灵异小说涉及两个孩子被他们家庭中的两个死去佣人的鬼魂所纠缠,费尔曼考察了其中的各种叙事框架。对于我们如何解读这则故事,以及我们如何解读家庭女教师的主要角色(这位家庭女教师既被诠释成了一位英雄人物,因为她试图把孩子从恶灵的影响之中解救出来,同时又被诠释成了一位癔症患者,因为她把自己的幻觉强加给了那些无辜的孩子们,而且最终牺牲了其中一个孩子的生命)而言,重要的问题便在于主人性(mastery)的概念。费尔曼指出,这些不同的叙事框架,把家庭女教师、小说里的其他故事听众以及作为读者的我们自己,统统置入了想要看到一切并知道一切的一个侦探的位置上,想要理解故事中发生的一切:用拉康的话说,也就是想要拥有阳具。这则故事的模棱两可,即反映了这种幻想出来的主人性的位置何以是不可抵达的。在费尔曼看来,文学作品本身——作为一种虚构的形式,它拒绝许诺其自身之外的某种"真相",并且它也将其话语建立在语言表意系统所固有的那种意义滑动的基础之上——破坏了主人性的可能(Felman 1977b;Vice 1996:75-114)。

128

　　女性主义对于拉康思想的解释,也同样为精神分析电影理论所接纳,后者聚焦于目光(gaze)的概念。观看一部电影非常不同于阅读一篇小说;一方面,电影的视觉媒介可以把我们安置于屏幕上的那些人物的位置;欺骗性的是,摄影机似乎使我们可以实际分享那些人物的视角。另一方面,观看一部电影,也同样意味着从一个全知的偷窥狂的位置来观看——这个位置把(外显的)看到从而知道的可能性,跟观看引人入胜的"银幕"的那种情欲快感结合了起来。因此,用拉康的术语来说,电影的目光便等同于拥有阳具的幻想——幻想从一个权力的位置来观看并监视一切。反过来,这一阳具的位置等同于一种男性的位置。诸如劳拉·莫微[1]这样的一些批评家就曾指出,各种不同的主体位置都会向认同于摄影机的观者开放,观众或是电影中的人物几乎都不可避免地被结构成了男性。比如说,无论我们是生物学上的男人还是女人,在昏暗的电影院里,我们全都是透过带有男性欲望的观者的眼睛来观看玛丽莲·梦露的。更有甚者,叙事快感(narrative pleasure)的概念,也被莫微同自她以降的批评家们看作是再度支持了一种想要得到"完整故事"的阳具化的男性幻想,亦即:用电影形象的"完满"幻想来增补拉康式缺失主体的所欠缺之物。莫微自己后来又修改了她最初关于男性目光的立场,从而指出了此种注视和认同的动力学可能远比原本故事所允许的更具流变性(Mulvey 1989;Penley 1988)。随着近来对于文化研究和电影史的关注,电影理论也拓宽了其研究方法而纳入了一些新的批评视角,但是精神分析式的电影解读仍然是完全发人深思的,诸如在玛丽·安妮·多恩[2]有关"黑色电影"(*film noir*)的著作之中(Doane 1991)。

129　　　最近,一些女性主义与酷儿理论的文学与文化批评家们,也已在一些新的方向上借鉴了弗洛伊德同拉康的思想。其中最重要的一位批评家便是朱迪斯·巴特勒[3]。在她极具影响力的《性别麻

1　劳拉·莫微(Laura Mulvey,1941年生),英国女性主义电影理论家,其著名论文《视觉快感与叙事电影》(1975)促使电影理论的研究转向了精神分析的框架,其思想在电影研究领域产生了深远的影响。——译者注

2　玛丽·安妮·多恩(Mary Anne Doane,1952年生),当代著名女性主义学者、电影理论家,专注于电影中的性别研究,主要著作有《女妖精:女性主义、电影理论与精神分析》、《电影与乔装:女性观众的理论化》、《欲望着欲望:1940年代的女性电影》以及《电影时代的出现:现代性、偶然性与档案馆》等。——译者注

3　朱迪斯·巴特勒(Judith Butler,1956年生),当代美国著名哲学家,酷儿理论家,其思想在政治哲学、伦理学、女性主义、性别研究与文学理论等领域均产生了广泛的影响,代表作有《性别麻烦》、《身体之重》、《消解性别》、《权力的精神生活》以及《偶然性、霸权与普遍性——关于左派的当代对话》等。——译者注

烦》一书中,巴特勒指出,性与性别并非生物性或自然的给定,而是随着时间经由身体动作的重复而操演性(performatively)地建构起来的。在很多方面而言,这些观念都是建立在精神分析的思想基础之上并对其提出异议的。巴特勒注意到早期精神分析家琼·里维埃[1]的一篇文章,其标题是《女人味之为乔装》,里维埃在该文中宣称"真正的女人味与伪装"之间是没有任何差别的(Riviere 1986)。巴特勒继而提出,性与性别的同一性是像乔装那样结构的;我们的身份同一性并非给定的,而是我们每一天都在上演的。然而,这并不是说,我们可以像穿衣服或脱衣服那样,穿上或脱掉我们的性别或性别身份。巴特勒的"操演性"(performativity)概念指的是在某种意义上把主体创造出来的那种表演(而非由一个预先存在的主体所实现的那种表演)。我们是在操演我们的性别与性别身份的过程中得以形成的(有关巴特勒的更详尽阐释,见:Butler 1990 与 Sarah Salih 2002,尤其是第二章)。

我们可以看出,此种图式是何其相似于拉康有关身份/同一性在语言中呈现的思想。我们并不仅仅是语言的使用者,我们也总是在被语言所使用;换句话说,我们永远都只是在语言中并通过语言而建立我们的身份/同一性的;语言结构了我们思考我们自身与所有其他事物的方式。而且,正如我们知道的那样,在拉康对弗洛伊德的解读中,语言的基础即在于同婴儿期相联系的那种(幻想出来的)与世界合为一体的原初感觉的丧失。尽管巴特勒的思想无论如何都并不等同于拉康或是弗洛伊德的思想,但是她却接纳了这个丧失的概念。通过使用弗洛伊德在《哀悼与忧郁》中有关丧失

1　琼·里维埃(Joan Riviere,1883—1962),英国精神分析学家,早年曾翻译过弗洛伊德的著作,在精神分析运动的早期发展中曾产生过不可磨灭的影响,主要论著有《论幼儿早期的精神冲突之起源》、《嫉妒之为一种防御机制》、《女人味之为乔装》以及《对于消极治疗反应的分析的贡献》等。——译者注

的思想,巴特勒继而指出,性别与性别身份的形成也可能是一个丧失的问题。如果正如弗洛伊德所指出的那样,作为婴儿的我们会同时认同于并欲望着我们两性的父母,那么在某个时刻上,我们就必须放弃对于父母一方的认同与欲望,以便遵从俄狄浦斯的法则(或是文化的要求,取决于你的视角)。就女孩子而言,为了成为异性恋者,你就必须放弃欲望着自己的母亲,转而认同于自己的父亲,以至于你可以把自己的欲望导向男人,并把自己认同为女人(如果你是同性恋者,那就正好颠倒过来)。弗洛伊德有关忧郁的思想指出,忧郁者会如此认同于丧失的对象,以至于对象几乎一直纠缠着他。从某种意义上说,《性别麻烦》的主张即是:我们所有人全都被我们所拒绝接受的那些认同与欲望纠缠着。操演某个版本的身份/同一性(并让此种身份/同一性来操演我们)也就意味着带着我们所放弃的那种性别选择(亦即:异性恋或同性恋)的后效(after-effects)在生活。从某种意义上说,我们的操演即是以我们丧失了什么为前提的(有关此种论点的更充分阐释,见:Salih 2002:52-8)。

像巴特勒与伊芙·科索夫斯基·赛吉维克[1]这样的一些论及性别与性欲的批评家,不仅都仔细研读弗洛伊德来分析他自己的理论盲点(诸如他倾向于退回到如下的假设:男性或异性恋是正常的,而其他所有性取向都是异常的),而且还梳理了精神分析思想的那些潜藏的假设与内涵。在她的《男人之间》一书中,伊芙·赛吉维克指出,就像弗洛伊德在俄狄浦斯情结中所提出的那样,欲望是可以三角化的,也就是说,欲望可以在三人之间而非两人之间上

1　伊芙·科索夫斯基·赛吉维克(Eve Kosofsky Sedgwick, 1950—2009),美国女性主义者兼文学批评家,在酷儿理论与性别研究领域中与巴特勒齐名,其主要代表作有《男人之间》与《衣橱认识论》。——译者注

演。在 19 世纪的很多小说里,我们都会发现一个情节,涉及两个
男人明显是在争夺一个女人的爱。赛吉维克认为,如果我们密切
关注这些作品的语言,我们往往会发现,那种情欲性的张力更多都
是在两个男人之间激烈上演的。相比于两个男人各自对于那个女
人的兴趣,他们其实对于彼此更加在意(即使这种在意有的时候可
能看似是暴力的或满是仇恨的)(见:Sedgwick 1985;Edwards
2008)。这些女性主义批评家和酷儿理论家们创造性地使用了弗
洛伊德的逻辑,从而说明了欲望、性欲与无意识生活的领域如何能
够帮助我们来分析我们的文学作品以及我们的生活。

弗洛伊德的这些阅读技术,经由拉康对于语言、性别身份与欲
望之间相互关联性的强调而得到了提炼和折射,从而最终停留在
了批评理论的很多不同领域之中。即便弗洛伊德被看作是参与了
历史上的一种狭隘性别主义,因为他把女人从精神上定位为没有
阴茎的男人,然而,他关于性别身份的建构性乃至对于俄狄浦斯情
境的多元位置的多重认同和欲望的思想,却在现代文学与文化批
评的众多领域之中都掀起了思想的浪潮。在学术界,我们中的很
多人都会继续通过弗洛伊德的有色眼镜来看待这个世界,而且当
我们没有使用却将他的阅读理论付诸行动之时,很多人也都会恶
狠狠地据理反驳他的那些比较令人恼怒的立场。

强烈的抵制与持续的中肯

131

对于让他的批评者们放下武器,弗洛伊德自有一套万无一失
的办法;在把他自己的武器转向攻击他们的时候,弗洛伊德宣称,
对于精神分析的发现的任何否认,都是基于阻抗他的这些发现所
具有的那种令人不安的、性的特征。在本章可能具有诱惑性的最
后一节里,我不会试图遵循弗洛伊德的引导,把那些诋毁他的人诊

断成神经症患者或是受压抑之人。相反,我会继续跟进一种特殊的弗洛伊德批判的思路,以期理解此种批评背后的那些情绪性张力,并且揭示出它的那些可能具有缺陷的假设。

　　相比于其他公开争辩的场合,在文学批评的学科中,我们较少感受到针对弗洛伊德的强烈抵制,尽管此种抵制也同样影响到了文学研究。文学批评中的文化研究转向,以及强调历史因素在理解文学作品方面的特殊性,都导致弗洛伊德的那些带有生硬普遍化风格的解读——在每一对象的延伸中皆可看出阳具的象征,无论是它的内容还是历史时刻——变得不太受欢迎。反而是那些更加精密复杂的精神分析文学研究,渐渐承认了经由弗洛伊德的思想来阅读文学作品是不够的:我们必须把弗洛伊德当作文学作品来阅读,同时又把他置入历史的脉络下来阅读。

　　近些年来,在其他学科与出版界中涌现出了一大批科学家、心理治疗师、医生以及历史学家,凡此种种,不胜枚举,他们向弗洛伊德发起了一场名副其实的猛烈抨击的攻势。正如我把弗洛伊德所呈现的那样,作为一位理论家,他的思想往往是带有推测性的,而且也无疑是争议性的。然而,那些引起争议性的、富有影响力的思想家们——譬如哲学家们——却很少会像弗洛伊德所做的那样激起此等的愤怒。即便卡尔·马克思这样的思想家——他的政治影响力向来都是有目共睹的,尽管最近也招致了某些人的强烈抵制——似乎也很少会像弗洛伊德所做的那样引发个人憎恨的幽灵。弗洛伊德的思想到底提出了什么,或是质疑了什么,以至于他在这么一大群批评家们看来是如此的具有危险性? 最后,我们又能够从精神分析学中取走些什么呢?

　　在上一节,我讨论了女性主义对于弗洛伊德的批判,与之齐头并进的还有很多批评,指向了弗洛伊德宣称精神分析具有科学地位的主张,这些批评往往是基于精神分析治疗所能举出的数据的缺乏。有关弗洛伊德的一种更加个人化的批判也是五花八门,有谴责他可卡因上瘾的,有谴责他在其病人的问题上说谎的,有谴责他跟自己的小姨子偷情的,或是以上全部都有谴责的。最后,还有一种争论说精神分析完全不起作用——分析治疗并不治愈病人,就像抗抑郁药物所做的那样。限于本章结论的篇幅,我们无法在此充分地处理所有这些攻击。我鼓励读者去阅读"进阶阅读书目",让读者自己去发现反对弗洛伊德的情况,以平衡我在这里为他给出的描述。在此,我将集中讨论有关弗洛伊德的一种最有影响的攻击——有关他的幻想理论的攻击。

132

　　这些攻击被冠以"弗洛伊德战争"(Freud Wars)的名义,其中的一个来源可见于弗洛伊德早期想要详细阐述性欲望在儿童身上的起源的那些尝试。精神分析对于幻想潜在构成个体心灵的强调,引起了很多愤慨与抗议的声音。批评家们谴责精神分析否认从外部向个体施加影响的历史作用或"真实事件"而主张"精神现实"——对主体而言可以变得等同于现实的那些内在的欲望、幻想与压抑。杰弗里·马森[1]的《袭击真相:弗洛伊德对于诱惑理论的压制》(*The Assault on Truth:Freud's Suppression of the Seduction Theory*)一书,在最近发起了针对弗洛伊德的第一波攻击。马森主张弗洛伊德原先假定的诱惑理论是正确的:弗洛伊德的那些病人,事实上都遭到过她们父亲的性侵犯(见:第1章)。根据马森的观点,当

---

[1]　杰弗里·马森(Jeffrey Masson,1941年生),美国作家,以其有关弗洛伊德的批判而著称,其代表作有《袭击真相:弗洛伊德对于诱惑理论的压制》、《弗洛伊德与诱惑理论:对于精神分析根基的挑战》以及《黑暗科学:十九世纪的女人、性欲与精神病学》等,另主编有《西格蒙德·弗洛伊德与威廉·弗利斯通信全集,1887—1904》(*The Complete Letters of Sigmund Freud to Wilhelm Fliess, 1887—1904*)。——译者注

弗洛伊德放弃了诱惑理论而主张幻想理论的时候,他便背叛了自己承诺要去倾听的那些女病人。在 1970 年代,对弗洛伊德持有批判态度的那些女性主义者们,便把这种批判用作弗洛伊德对其女病人漠不关心的一个例子。谈话治疗的基础主要是有人倾听——可它难道就一定是基于倾听者也同样相信自己听到的是真的吗?根据马森的说法,即是如此。因为弗洛伊德从相信由事件构成的真实世界转向了聚焦于舞台化并因此也是不真实的精神幻想的世界,所以他便否认了其病人痛苦的真实性,滥用并摧毁了她们的信任。

精神分析对于此种指控的回应,便是强调了聚焦于精神现实——聚焦于幻想如何会对病人呈现出现实的效力——绝非意味着那些创伤性的事件并没有于"真实"世界中发生在人们的身上。这些有时是骇人听闻的事情,确实一直都在发生。但是,个体的精神世界却必须以某种方式在当时来加工——或者,在创伤的情形下,是拒绝加工——这些事件。那些在外部世界发生的事情,总是会被心灵加以解释、理解并重演。精神会出于各式各样的无意识动机而将其自身搬上舞台,然而这决不会使它的那些戏剧对于体验到它们的人来说是不真实的。

133　　在出版界中关于所谓重获记忆(recovered memory)或虚假记忆综合症(false memory syndrome)的争论,也同样回到了弗洛伊德来批判他的幻想理论与/或压抑理论。这些争论的双方——相信童年期性虐待与记忆的压抑是普遍盛行的一方,以及相信虚假记忆综合症或是通过治疗师的暗示有可能把虚假记忆植入病人心灵的另一方——都是在策略上运用或谴责精神分析来支持他们各自的论辩的。在那些相信压抑记忆的人看来,弗洛伊德是悲剧性地背叛了他的那些癔症女病人,因为他否认了她们的那些关于性虐待的故事,反而把精神分析建立在这样一种思想之上:幻想也能够像现实那样产生一些根深蒂固且影响深远的精神效果。但是在那些压抑理论的支持者看来,如果说弗洛伊德是一长串不相信自己所听到的那些耸人听闻的故事的反面人物中的头号,那么他也同样创造了有关精神创伤的理论,就此理论而言,在童年期发生的某一事件(诸如性侵犯等),可能直到日后生活中的另一事件在经验上将其触发之前,都始终是无意识与无法回忆的。创伤理论的弗洛伊德理解到了压抑记忆的可能性,即使诱惑理论之后的弗洛伊德又否认了童年期性虐待的现实性。对于那些支持虚假记忆综合症存在的人而言——他们也指向了那些施予暗示的治疗师通过十二步疗法(twelve-steps treatments)来揭示那些奇特遭遇与恶魔仪式(还有童年虐待)从而榨取那些易受暗示的病人的一项朝阳行业——这两个弗洛伊德是相反的。意识到幻想可能与现实同样具有构成性的那位弗洛伊德被勉强给予了某种信任,而其欺骗性的无意识开启了压抑记忆的可能性的那位弗洛伊德则遭到了责备。无论哪种方式,弗洛伊德都失败了。

然而,所有这些争论皆表明的是,精神分析的理论确实是更加富有成效的——更加具有说服性和暗示性——倘若我们将精神分析的这些理论看作是在探究幻想或虚构如何有助于我们对于自身同一性的建构和理解,而非根据证据的真实或虚假的标准,试图用弗洛伊德的理论来判断那些事件的话。这并非是说,这些事件不应当根据这些标准来加以判断。那些标准在很多生命的舞台(例如,法庭)上都是极其必要的。但是,在那些领域里,精神分析或许并非最能派上用场。弗洛伊德的幻想概念的基础是我们所有人自始至终全都具有的精神反应的世界:既是对于那些发生在我们身上的事情的反应,但也是对于那些并未发生在我们身上的事情的

134 反应——我们渴望、恐惧或想象其发生的那些事情。精神分析把焦点集中在幻想上,从而搁置了事件是否真实发生的问题,而且它对故事所采取的态度,也类似于文学看似可能采取的态度。当我们阅读一部小说的时候,其真实性或准确性的问题未必会进入我们的阅读体验;相反,我们的反应往往都关乎小说如何影响我们,也即它看起来是否在情绪上是真实的(而非在客观上是真实的),它是否给了我们以新的方式来思考事物,亦或它是否虚构性地实现了我们的愿望或欲望。当然,两个人在精神分析诊疗室里的治疗性晤谈,并不等同于我们坐下来阅读一本小说的情境;问题的关键是非常不同的。但是,正如我先前指出的那样,所涉转移的形式却是相似的;建构过去将有助于解释现在并创造未来的问题,可以被看作是一个关乎阅读与解释的问题,而且正如我们对于精神分析的那种持续的文化性迷恋所表明的那样,弗洛伊德也在继续提供一些带有挑战性与煽动性的方式来透彻思考这一问题。

约翰·弗雷斯特[1]指出,那种旨在把精神分析的地位确立为艺术或科学的企图,都是错误地对待了弗洛伊德持续的文化性刺激:"我们必须严肃对待这样的看法,亦即有关精神分析的那些争论不应当在形式上被表述为:它是一门艺术还是一门科学?问题反而是:认识到精神分析既是一门艺术又是一门科学,需要在我们的一般范畴中发生怎样的改变?"(Forrester 1997:5)。弗雷斯特继续写道:"精神分析在分析家身上业已生成了某种文化性的角色,他的

---

1 约翰·弗雷斯特(John Forrester,1949 年生),英国精神分析学者,主要关注精神分析的历史与拉康思想研究,主要著作有《语言与精神分析的起源》、《精神分析的诱惑:弗洛伊德、拉康与德达》、《弗洛伊德战争中的调遣:精神分析及其激情》,另译有《雅克·拉康的研讨班第一册:弗洛伊德的技术性著作》与《雅克·拉康的研讨班第二册:弗洛伊德理论与精神分析技术中的自我》。——译者注

工作既是调查性的又是审美性的(亦即:带有研究科学家或是私家侦探式的风格),而且也使病人得以有机会将其自身的生活变成一部艺术作品,一种有关机会与命运的叙事,或是无论在心理层面还是其他方面的一部惊悚小说"(Forrester 1997:5)。精神分析批评最绝的是它提出并回答了以下一些问题:关于艺术与科学、事实与虚构、幻想与现实之间的差异;关于权威性人物的地位;关于我们怎样思考我们知道自己的欲望是什么或是怎样思考我们知道自己是谁;关于我们宣称对我们自身及他人所掌握的知识。据我所见,在弗洛伊德的众多攻击者中,没有任何人提供了能够把这些问题研究到此等深度的方法,来取代他们如此渴望将其抛弃的这种解释图式。我可以预言,无论是在学术界之中还是学术界之外,正如弗洛伊德的著作会在 21 世纪中继续引发激愤的争执与热切的赞同,他的著作也将继续被人们阅读,并继续帮助人们以不同的方式进行阅读。

进阶阅读书目

文献注记

源自弗洛伊德的引文皆取自于其著作的以下两个版本：

SE *Standard Edition of the Complete Psychological Works of Sigmund Freud* (1953-74) trans. James Strachey, London：Hogarth Press and Institute of Psychoanalysis.

《西格蒙德·弗洛伊德心理学全集标准版》(*Standard Edition of the Complete Psychological Works of Sigmund Freud*)。英文标准版著作。

PFL *Penguin Freud Library* (1991-93) ed. Angela Richards and Albert Dickson, London：Penguin.

《企鹅弗洛伊德文库》(*Penguin Freud Library*)。虽然较不完整，但是更易使用。倘若文本中参考的某一作品并未收录于《企鹅弗洛伊德文库》，其页码索引则皆以《标准版》为参照。

企鹅出版社已经开始由亚当·菲利普斯(Adam Phillips)担任主编对弗洛伊德的著作进行全新的翻译。为了简单起见，我只涉及了早前的《企鹅弗洛伊德文库》,该版本重新刊印了斯特雷奇的标准版译本。弗洛伊德的作品可谓汗牛充栋。给他的著作写一部导读,必须搜集很多不同来源的材料。因为弗洛伊德的大多数文本在本书的正文中都有详细或顺带的提及,下面的书目仅选取了他最重要也最易懂的一些著作。本书最后的"参考文献"涵盖了在本书中出现的著作的完整书目清单。

西格蒙德·弗洛伊德的原著

Freud, S. and Breuer J. *Studies on Hysteria* (1895), SE 2; PFL 3.

《癔症研究》(*Studies on Hysteria*)。这些引人入胜的个案研究是理解精神分析起源的绝佳起点。特别参见:布洛伊尔的安娜·欧个案,正是她创造了"谈话疗法"这一措辞,以及弗洛伊德的埃米·冯·N(Emmy von N)与伊丽莎白·冯·R(Elizabeth von R)个案。

Freud, S. *The Interpretation of Dreams* (1900), SE 4-5; PFL 4.

《释梦》(*The Interpretation of Dreams*)。弗洛伊德自己把他的"梦书"看作是他最重要的著作。虽然此书篇幅很长——如果着急的话,可以选择性地阅读——但它却是查看精神分析阅读技术展开的最佳位置。

——*The Psychopathology of Everyday Life* (1901), SE 6; PFL 5.

《日常生活的精神病理学》(*The Psychopathology of Everyday Life*)。弗洛伊德通过口误、遗忘的字词与过失行为来探究无意识欲望在我们日常生活中的运作,阅读起来较有趣味性。像《诙谐及其与无意识的关系》(尽管此书叫这个标题,但却一点也不有趣)一样,《日常生活的精神病理学》主要包括了隐藏在一系列延伸例子中的一些非凡的理论观点。

—— 'Fragment of an Analysis of a Case of Hysteria (Dora)' (1905),
SE 7: 1-122; PFL 8: 29-164.

《有关一例癔症个案的分析片段》(Fragment of an Analysis of a
Case of Hysteria),即"杜拉"个案。正是此例经典个案研究表明了
弗洛伊德至少能够回答"女人想要什么?"这个问题。这篇文章向
来都是对于很多重要女性主义分析而言的一个出发点。见:
Bernheimer and Kahane(1985)。

—— *Three Essays on the Theory of Sexuality* (1905), SE 7: 123-245;
PFL 7: 32-169.

《性欲三论》(*Three Essays on the Theory of Sexuality*)。此书连
同《释梦》大概是弗洛伊德最具重要性且最具奠基性的著作。他在
其一生中曾不断地对其进行修订。这部著作是了解他有关性欲发
展阶段与倒错的理论的主要位置。

—— 'Civilized Sexual Morality and Modern Nervous Illness' (1908),
SE 9: 177-204; PFL 12: 27-55.

《文明的性道德与现代的神经症》(Civilized Sexual Morality and
Modern Nervous Illness)。这是弗洛伊德对于文明与本能生活之间
冲突的最早讨论,后来又在《文明及其不满》等著作中成为他理论
的核心。

—— 'Notes upon a Case of Obsessional Neurosis (Rat Man)' (1909),
SE 10: 155-249; PFL 9: 33-128.

《有关一例强迫型神经症个案的记录》(Notes upon a Case of
Obsessional Neurosis),即"鼠人"个案。在弗洛伊德的主要个案研
究中,鼠人无疑是他最成功的个案。他对于鼠人强迫观念的那些
解读是非常彻底且有独创性的。

——*Five Lectures on Psychoanalysis*（1910），SE 11：13-55.

《精神分析五讲》（*Five Lectures on Psychoanalysis*）。这些都是弗洛伊德1909年在美国进行的系列讲座。这本小集子非常简短，仍然是你们现在找到的有关弗洛伊德主要思想的最佳简明介绍。

——'Leonardo Da Vinci and a Memory of his Childhood'（1910），SE 11：57-137；PFL 14：145-231.

《列奥纳多·达·芬奇与他童年的记忆》（Leonardo Da Vinci and a Memory of his Childhood）。弗洛伊德分析了列奥纳多的一幅绘画，从而发现了他的同性恋与恋母情结。这篇文章可能不会使你们信服于精神分析有关艺术的解释是值得刊印成册的，但是也有一些有趣的观点涉及这里潜藏的母爱。

——'Psychoanalytic Notes on an Autobiographical Account of a Case of Paranoia（Schreber）'（1911），SE 12：1-82；PFL 9：131-223.

《有关一例偏执狂个案的自传性说明的精神分析笔记》（Psychoanalytic Notes on an Autobiographical Account of a Case of Paranoia），即"施瑞伯"个案。弗洛伊德分析了一位患有精神病的法官的作品，施瑞伯在出版他的故事之前曾住院多年。这是一篇引人入胜的论文，而且最近也有一些关于它的出色的批评。这篇文章可以帮助你们了解到弗洛伊德对于偏执狂与同性恋之间联系的引起争议的理论化。

——*Totem and Taboo*（1912-13），SE 13：1-162；PFL 13：49-235.

《图腾与禁忌》（*Totem and Taboo*）。弗洛伊德最具思辨性地涉足了人类学的领域；这部作品读起来像是一部神话故事，但却引人入胜。

——'On Narcissism'（1914），SE 14：67-102；PFL 11：59-97.

《论自恋》(On Narcissism)。《论自恋》是一篇重要而艰涩的文章,弗洛伊德在其中处理了很多概念的定义,这些概念在1920年代至1930年代都变成了精神分析的核心。该文讨论了幼儿的自恋对于发展而言的重要性,并且引入了自我理想的概念,这个概念日后成为了超我的基础。

—— 'Remembering, Repeating and Working Through' (1914), SE 12: 147-56.

《回忆、重复与修通》(Remembering, Repeating and Working Through)。阻抗的"修通"是分析过程的一个基本组成部分。虽然这篇短文最后并未以令人完全满意的方式来界定这个术语,不过它却也值得阅读。

—— 'On the History of the Psychoanalytic Movement' (1914), SE 14: 7-66; PFL 15: 59-127.

《论精神分析运动的历史》(On the History of the Psychoanalytic Movement)。对于这篇文章需要密切留意——弗洛伊德写作它的时间恰逢是他跟自己先前的朋友(如荣格等)争执特别激烈,并且遭到众多批评与攻击的围困之时。这是一篇非常具有防御性的文本,虽然在很多方面都很有意思,但是作为一篇导论却绝非是完美的。

—— 'Mourning and Melancholia' (1917), SE 14: 237-58; PFL 11: 245-68.

《哀悼与忧郁》(Mourning and Melancholia)。这是弗洛伊德最引人注目的一篇短文。他又再度回到了丧失的问题上;虽然精神分析充满了丧失的意象,但他很少会这样意味深长。

—— 'From the History of an Infantile Neurosis (The Wolf Man)' (1918), SE 17: 1-122; PFL 9: 227-366.

《出自一例幼儿神经症的历史》(From the History of an Infantile Neurosis),即"狼人"个案。在这篇个案研究中,弗洛伊德定义了一些极其重要的精神分析概念,诸如建构与原初场景等。

—— 'The "Uncanny" ' (1919), SE 17: 217-52; PFL 14: 339-76.

《怪怖》(The "Uncanny")。这篇引人入胜的文章混合了弗洛伊德有关一种特殊恐惧的起源的思想——结合了文学批评及其有关人类学的思考。

—— 'The Psychogenesis of a Case of Homosexuality in a Woman' (1920), SE 18: 145-72; PFL 9: 367-400.

《一例女性同性恋个案的心理发生学》(The Psychogenesis of a Case of Homosexuality in a Woman)。这篇简短的个案研究,连同施瑞伯个案一起,是看待弗洛伊德有关同性恋的理论化的优势与劣势的一个绝佳位置。

—— *Beyond the Pleasure Principle* (1920), SE 18: 7-64; PFL 11: 269-338.

《超越快乐原则》(*Beyond the Pleasure Principle*)。这是弗洛伊德最古怪且最强迫的著作之一。它包含了弗洛伊德有关强迫性重复与死亡冲动的思想。该文向来都是后结构主义更进一步解读弗洛伊德的一则关键文本(特别见于:Derrida 1987)。

—— 'Group Psychology and the Analysis of the Ego' (1921), SE 18: 65-143; PFL 12: 91-178.

《群体心理学与自我的分析》(Group Psychology and the Analysis of the Ego)。在这篇引人入胜的文章里,弗洛伊德探索了有关群体行为与个体心理之间关系的问题。该文最好是跟《图腾与禁忌》与《文明及其不满》一起阅读。

——'The Ego and The Id'（1923），SE 19：1-66；PFL 11：339-406.

《自我与它我》（The Ego and The Id）。这篇文章听起来好像恰恰是你想要的有关弗洛伊德基本概念的说明，然而事实上，它却非常深奥与艰涩。弗洛伊德在其中理论化了他的身体自我（bodily ego）概念。

——'An Autobiographical Study'（1925），SE 20：3-74；PFL 15：185-260.

《自传研究》（An Autobiographical Study）。尽管此文含有一些有趣的自传性笔触，然而它的故事则更多是关于精神分析的建立，而非关于弗洛伊德本人的。相比于《论精神分析运动的历史》，本文给出了一种更均衡的观点。如果你们想要了解弗洛伊德的生平故事，请参考下面琼斯（Jones 1953—57）或盖伊（Gay 1989）的著作。

——'Some Psychical Consequences of the Anatomical Distinction Between the Sexes'（1925），SE 19：241-58；PFL 7：323-43.

《两性之间解剖学差异的某些精神后果》（Some Psychical Consequences of the Anatomical Distinction Between the Sexes）。这篇短文可以跟《性欲三论》进行比较，读者可以从中看到弗洛伊德有关女性性欲与阴茎嫉羡的思想是如何在其晚年变得根深蒂固的。

——'Civilization and its Discontents'（1930），SE 21：57-145；PFL 12：243-340.

《文明及其不满》（Civilization and its Discontents）。有关弗洛伊德对于现代社会的看法，这则文本是你可以阅读的最好的一篇；尽管这是弗洛伊德最爱抱怨的一篇，但也充满了趣味性。

有关弗洛伊德的著作

Appiganesi, L. and Forrester, J. *Freud's Women*（1992），London：Virago.

《弗洛伊德的女人们》（*Freud's Women*）。这本惊人的大部头著作很好地介绍了弗洛伊德的那些女病人与女同事,以及他与她们之间关系的背景。

Appiganesi, R. and Zarate, O. *Introducing Freud*（1999），Cambridge：Icon Books Ltd.

《介绍弗洛伊德》（*Introducing Freud*）。这本漫画版的弗洛伊德思想导读可以让读者轻松愉快地通过图解来获得基本的知识。

Bernheimer, C. and Kahane, C.（eds）（1985）*In Dora's Case：Freud-Hysteria-Feminism*, London：Virago.

《在杜拉个案中：弗洛伊德—癔症—女性主义》（*In Dora's Case：Freud-Hysteria-Feminism*）。这部论文集是一本精神分析的女性主义经典作品。此书涵盖了很多重要精神分析批评家有关"杜拉"的极其有帮助的文章,包括杰奎琳·罗斯（Jacqueline Rose）、尼尔·赫兹（Neil Hertz）与简·盖勒普（Jane Gallop）等人。

Crews, F. *et al. The Memory Wars：Freud's Legacy in Dispute*（1995），New York：New York Review of Books.

《记忆战争：弗洛伊德的遗产纷争》（*The Memory Wars：Freud's Legacy in Dispute*）。克鲁斯是一位极端狂热的精神分析批评家,他后来又气势汹汹地跟精神分析断绝了关系。这部论文集收录了他给《纽约书评》（*New York Review of Books*）撰写的多篇有关弗洛伊德的苛评性文章,并选择发表了一些信件作为回答。

Falkland, G. *Freud's Literary Culture* (2000), Cambridge: Cambridge University Press.

《弗洛伊德的文学文化》(*Freud's Literary Culture*)。此书分析了弗洛伊德有关歌德、索福克勒斯与莎士比亚等人的解读如何影响了精神分析的形成。

Forrester, J. *Dispatches from the Freud Wars: Psychoanalysis and its Passions* (1997), Cambridge MA: Harvard University Press.

《弗洛伊德战争中的调遣：精神分析及其激情》(*Dispatches from the Freud Wars: Psychoanalysis and its Passions*)。弗雷斯特的书是从一位精神分析支持者的角度令人信服地分析了针对弗洛伊德的强烈抵制。

Gay, P. *Freud: A Life for our Time* (1989), London: Macmillan.

《弗洛伊德：我们这个时代的生活》(*Freud: A Life for our Time*)。这是一部叫人读起来情不自禁的弗洛伊德传记。然而，如果你们是在寻找批判性的距离，那么就得另寻他处了。盖伊对弗洛伊德的钦慕几乎与弗洛伊德的忠实追溯者恩斯特·琼斯一样，后者曾给这位伟人写了第一部虔诚的传记(见：下一条目)。

Jones, E. *Sigmund Freud: Life and Work* (1953—57), vols I-III, London: The Hogarth Press.

《西格蒙德·弗洛伊德：生活与工作》(*Sigmund Freud: Life and Work*)。琼斯对于弗洛伊德毫无批判性的态度在当时可能有些令人恼火，不过本书由当时在场的人写就，仍然不失为一部引人入胜的弗洛伊德传记。

Laplanche, J. and Pontalis, J.-B. *The Language of Psychoanalysis* (1973), trans. D. Nicholson-Smith, New York: Norton.

《精神分析词汇》(*The Language of Psychoanalysis*)。这是迄今

可以找到的最好的精神分析术语词典,但是它也远不止于此。虽然过去了将近二十年,但此书仍然涵盖了有关弗洛伊德术语学的最明智且最准确的解释,其内容仍旧是很超前的。

Lesser, R. C. And Schoenberg, E. (eds) *That Obscure Object of Desire*: *Freud's Female Homosexual Revisited* (1999), New York: Routledge.

《欲望的那一晦暗的对象:重访弗洛伊德的女性同性恋》(*That Obscure Object of Desire*: *Freud's Female Homosexual Revisited*)。此书收录了弗洛伊德的《一例女性同性恋个案》,以及来自诸多学院派与执业分析家的一系列关于此例个案的文章。

Mahony, P. J. *Freud as a Writer* (1987), New Haven: Yale University Press.

《作家弗洛伊德》(*Freud as a Writer*)。此书直截了当地探究了弗洛伊德的修辞学效力,相当具有可读性。

Marcus, Laura. (ed.) *Sigmund Freud's* The Interpretation of Dreams: *New Interdisciplinary Essays* (1999), Manchester: Manchester University Press.

《西格蒙德·弗洛伊德的〈释梦〉:新的跨学科文集》(*Sigmund Freud's* The Interpretation of Dreams: *New Interdisciplinary Essays*)。这是最近关于《释梦》的一本优秀论文集,它标志了《释梦》的百年诞辰。

Masson, J. *The Assault on Truth*: *Freud's Suppression of the Seduction Theory* (1984), New York: Farrar, Strauss & Giroux.

《袭击真相:弗洛伊德对于诱惑理论的压制》(*The Assault on Truth*: *Freud's Suppression of the Seduction Theory*)。马森尖锐地抨击了弗洛伊德的伦理学与精神分析的起源,在此书发表时即得到出版界的很多关注。马森指出,当弗洛伊德开始怀疑他的早期癔症女病人关于童年早期诱惑的那些故事时,他便抛弃了她们所遭受的真实虐待。在马森看来,精神分析便建立在弗洛伊德的这一压制之上,而弗洛伊德也毫无疑问是这方面的反派。尽管马森的书有着普遍的影响力,但是在其对于弗洛伊德概念的理解上,它却是极其简化且狭隘的。如果你们真的要阅读此书,就要带着批判性地来阅读它。

Neu, J. (ed.) *The Cambridge Companion to Freud* (1991), Cambridge: Cambridge University Press.

《剑桥弗洛伊德指南》(*The Cambridge Companion to Freud*)。这本论文集侧重于弗洛伊德著作所激起的哲学问题。

Rieff, P. *Freud: The Mind of the Moralist* (1959), Chicago: University of Chicago Press.

《弗洛伊德:道德家的心灵》(*Freud: The Mind of the Moralist*)。里夫的著作可谓精彩绝伦,是对于分析引起的道德与伦理问题的早期透彻思考。

Storr,A. *Freud* (1989), Oxford: Oxford University Press.

《弗洛伊德》(*Freud*)。虽然篇幅短小,但却引人入胜,内容非常精练,适合于外行的弗洛伊德导读。

Surprenant, C. *Freud: A Guide for the Perplexed* (2008), London: Continuum.

《弗洛伊德:迷途指津》(*Freud: A Guide for the Perplexed*)。这本严谨的哲学指南不仅考虑到了弗洛伊德关键思想的复杂性,而且尤其是对于弗洛伊德的地形学与经济学理论进行了很好的阐释。

Wollheim, R. *Freud* (1971), London: Fontana.

《弗洛伊德》(*Freud*)。准确与诡辩无懈可击,这本超前的导读
介绍了弗洛伊德的概念及其思想的发展阶段,可能并不适合于初
学者。

精神分析批评方面的延伸阅读

Bloom, H. *The Anxiety of Influence*:*A Theory of Poetry* (1973), New
York:Oxford University Press.

《影响的焦虑:诗学理论》(*The Anxiety of Influence*:*A Theory of
Poetry*)。布鲁姆把弗洛伊德的俄狄浦斯理论应用于诗人,指出强
大的诗人必须隐喻性地杀掉他们诗歌的祖先,以便在传统的经典
中给他们自己留下一席之地。此书最初写就时是非常有影响的;
尔后它便遭到了来自不同角度的批评,包括女性主义理论。

Bowie,M. *Lacan* (1991), London:Harvard University Press.

《拉康》(*Lacan*)。此书大概是易于上手的最准确且写得最好
的拉康阐释。

Bowlby, R. *Freudian Mythologies*:*Greek Tragedy and Modern Identities*
(2007), Oxford:Oxford University Press.

《弗洛伊德的神话学:希腊悲剧与现代身份》(*Freudian
Mythologies*:*Greek Tragedy and Modern Identities*)。本书着手探讨了
现代家庭与现代性关系的面貌变化如何可能会影响到我们理解弗
洛伊德从他对古希腊神话的阅读中提取出来的很多精神分析
思想。

Brennan, T. (ed.) *Between Feminism and Psychoanalysis* (1989),
London and New York:Routledge.

《女性主义与精神分析之间》(*Between Feminism and*

Psychoanalysis)。这是一本虽然有些陈旧但却仍旧令人信服的论文集,其中探究了法国女性主义理论运用并批判精神分析的方式。

Brooks, P. *Reading for the Plot: Design and Intention in Narrative* (1985), New York: Vintage.

《情节阅读:叙事中的设计与意图》(*Reading for the Plot: Design and Intention in Narrative*)。布鲁克斯的书涵盖了关于多部英国与欧洲小说的出色分析。

Burgin, V., Donald, J. And Kaplan C. (eds) *Formations of Fantasy* (1986), London: Routledge.

《幻想的构形》(*Formations of Fantasy*)。本书收录了里维埃、希斯(Heath)、拉普朗什(Laplanche)与彭塔力斯(Pontalis)等人的多篇极其重要的文章,其中探讨了一些围绕着弗洛伊德的幻想概念的复杂问题。

Butler, J. *Gender Trouble: Feminism and the Subversion of Identity* (1990), New York: Routledge.

《性别麻烦:女性主义与身份的颠覆》(*Gender Trouble: Feminism and the Subversion of Identity*)。巴特勒关于性别与性欲的操演性本质的这些复杂严谨的哲学解读,已然产生了令人难以置信的影响。她新近的著作,诸如《权力的精神生活》(见:下两本书)等,都是沿着米歇尔·福柯的著作来解读精神分析的,相对于权力与政治,它探讨了忧郁与精神动力学。

—— *Bodies that Matter: On the Discursive Limits of "Sex"* (1993), New York: Routledge.

《身体之重:论"性别"的话语界限》(*Bodies that Matter: On the Discursive Limits of "Sex"*)。

—— *The Psychic Life of Power: Theories in Subjection* (1997), Stanford CA: Stanford University Press.

《权力的精神生活:顺从的理论》(*The Psychic Life of Power: Theories in Subjection*)。

Derrida, J. 'Freud and the Scene of Writing,' in *Writing and Difference* (1978), trans. Alan Bass, London: Routledge: 196-230.

《弗洛伊德与书写的场景》(*Freud and the Scene of Writing*),载于《书写与差异》(*Writing and Difference*)。德里达回应了弗洛伊德的短文《神秘的书写纸》(*The Mystic Writing Pad*)。这是一篇非常艰涩的论文,但也是建立对于弗洛伊德的解构主义阅读的关键。

—— *The Postcard: From Socrates to Freud and Beyond* (1987), trans. Alan Bass, Chicago: University of Chicago Press.

《明信片:从苏格拉底到弗洛伊德及其后继者》(*The Postcard: From Socrates to Freud and Beyond*)。此书延续了德里达的晦涩风格,其中收录了涉及拉康与《超越快乐原则》的几篇重要文章。

Doane, M. *Femmes Fatales: Feminism, Film Theory, Psychoanalysis* (1991), London, Routledge.

《女妖精:女性主义、电影理论与精神分析》(*Femmes Fatales: Feminism, Film Theory, Psychoanalysis*)。多恩关于电影理论的著作是尖锐并带有煽动性的。此书适合于了解精神分析对于个别电影的巧妙解读。

Ellmann, M. (ed.) (1994) *Psychoanalytic Literary Criticism*, London: Longman.

《精神分析文学批评》(*Psychoanalytic Literary Criticism*)。这是近来有关精神分析与文学的一部最好的论文集。埃尔曼的导论是价值无量的,而辛西娅·沙斯(Cynthia Chase)的《俄狄浦斯的文本

性:阅读弗洛伊德对于"俄狄浦斯"的解读》(Oedipal Textuality:
Reading Freud's Reading of *Oedipus*) 一文,也是根据弗洛伊德来解
读索福克勒斯的一部经典之作。

Fanon, F. *Black Skin, White Masks* (1986), London: Pluto.

《黑皮肤,白面具》(*Black Skin, White Masks*)。此书系法农半自
传性的种族主义研究,其中分析了种族主义深深嵌入西方精神模
式的根源所在。他的书成为了殖民主义与后殖民主义分析与精神
分析思想接壤的起始点。

Felman, S. 'Turning the Screw of Interpretation', *Yale French Studies*
(1977), 55/56: 94-207.

《拧紧解释的螺丝》('Turning the Screw of Interpretation')。该
文系费尔曼对亨利·詹姆斯的怪怖故事《螺丝在拧紧》的拉康派解
读力作,其中出色地描述了文学与转移之间的关系。然而,这篇文
章已然过时了,因为它所依赖的是兴盛于 1970 年代的某种解构主
义的修辞,而如今看来则有些过分渲染且脱离语境了。不过,这些
细致的解读还是非常精湛的。

Foucault, M. *The History of Sexuality*, Vol. I (1990), trans. R. Hurley,
London: Penguin.

《性史(第一卷)》(*The History of Sexuality*, Vol. I)。此书系酷
儿理论的奠基性文本之一。福柯指出,性与现代的性欲是一种话
语的构成物,他还指出,我们倾向于把 19 世纪看作是关于性的讨
论遭到压抑的历史时期,而这个时期其实恰恰对应于性的话语的
某种爆发。福柯把弗洛伊德的精神分析看作是有关权力的一系列
现代医学与司法话语中的一种,此种话语把性生成为关于自身的
隐秘真相。

Gallop. J. *The Daughter's Seduction*: *Feminism and Psychoanalysis* (1982), Ithaca: Cornell University Press.

《女儿的诱惑: 女性主义与精神分析》(*The Daughter's Seduction*: *Feminism and Psychoanalysis*)。这是针对弗洛伊德的一部尖锐的早期女性主义批判。盖勒普带有挑衅性的风格总是读起来很有趣,如果常常引起争论的话。她的一项专长便是使阳具缩小。

Grosz, E. *Jacques Lacan*: *A Feminist Introduction* (1990), London: Routledge.

《雅克·拉康: 女性主义导读》(*Jacques Lacan*: *A Feminist Introduction*)。关于女性主义与拉康精神分析之间往往争论不休的关系,本书提供了一份有益的综述。

Gunn, D. *Psychoanalysis and Fiction* (1988), Cambridge: Cambridge University Press.

《精神分析与虚构》(*Psychoanalysis and Fiction*)。本书具有高度的知性,是由一些精神分析实践者与分析家对于卡夫卡、贝克特以及普鲁斯特等人作品的深刻解读。

Klein, M. *The Selected Melanie Klein* (1985), ed. Juliet Mitchell, London: Penguin Books.

《梅兰妮·克莱因选集》(*The Selected Melanie Klein*)。本书是一部绝佳的选集,其中收录了克莱因的很多更易于上手的著作。朱丽叶·米切尔的导论也非常有帮助。

Kristeva, J. *Desire in Language*: *A Semiotic Approach to Literature and Art* (1980), trans T. Gorz, A. Jardine and L. Roudiez, Oxford: Blackwell.

《语言中的欲望: 文学与艺术的符号学研究方法》(*Desire in*

Language：*A Semiotic Approach to Literature and Art*）。

── *Powers of Horror*：*An Essay on Abjection*（1982），trans. L. Roudiez, New York：Columbia University Press.

《恐怖的权力：论卑贱》（*Powers of Horror*：*An Essay on Abjection*）。

── *Black Sun*：*Depression and Melancholia*（1989），trans. L. Roudiez, New York：Columbia University Press.

《黑太阳：抑郁与忧郁》（*Black Sun*：*Depression and Melancholia*）。克里斯蒂娃把精神分析结合于法国女性主义有关语言的批评,读起来仍然是富有挑战性,而她对于特定文学作品的分析也往往是引人注目的。她最近的著作都是在一些棘手的政治学水潭里折腾,但是她的早期著作,尤其是《恐怖的权力》与《黑太阳》,则创造了一种令人着迷的女性主义诗学。她的书显然不适合于初学者,如果觉得太可怕,可以先读一读莫瓦(Moi 1985)。

Lane, C.（eds）. *The Psychoanalysis of Race*（1998），New York：Columbia University Press.

《种族的精神分析》（*The Psychoanalysis of Race*）。这部论文集收录了莱恩的一篇出色导读,还有来自克里斯蒂娃与杜波瓦(W. E. B. Dubois)在这些主题上探究种族与精神分析之间交会的很多有趣的论文。此外,它还收录了斯拉沃热·齐泽克的一篇题为《爱你的邻居? 不,谢谢!》（Love thy Neighbor? No, Thanks!）的精彩论文。

Lebeau, V. *Psychoanalysis and Cinema*：*The Play of Shadows*（2001），London：Wallflower Press.

《精神分析与电影：影子的戏剧》（*Psychoanalysis and Cinema*：*The Play of Shadows*）。此书虽然短小但却引人注目,作者通过电影与精神分析共同感兴趣的梦境、欲望、形象与震惊,以及其他的主题等,探究了电影与精神分析相互缠绕的历史发展。

Meltzer, F. (ed.) *The Trial (s) of Psychoanalysis* (1988), Chicago: University of Chicago Press.

《精神分析的试炼》(*The Trial (s) of Psychoanalysis*)。这部出色的论文集收录了斯坦利·费什(Stanley Fish)抨击弗洛伊德修辞学的有趣、苛刻但发人深思的文章《保留丢失的部分》(Withholding the Missing Portion)、彼得·布鲁克斯(Peter Brooks)的有益论文《一种精神分析文学批评的观念》(The Idea of a Psychoanalytic Literary Criticism)以及阿诺德·戴维森(Arnold I. Davidson)对于弗洛伊德的《性欲三论》异想天开的福柯式解读。

Mitchell, J. *Psychoanalysis and Feminism* (1974), New York: Pantheon.

《精神分析与女性主义》(*Psychoanalysis and Feminism*)。米切尔的这本重要著作开启了英国女性主义对精神分析的重新改造。

Mitchell, J. and Rose, J., introductions to J. Lacan *Feminine Sexuality: Jacques Lacan and the école freudienne* (1985), New York: Norton.

《女性性欲:雅克·拉康与弗洛伊德学派》(*Feminine Sexuality: Jacques Lacan and the école freudienne*)。米切尔与罗斯分别给这本关于女性的拉康作品集写了导读,对于明确弗洛伊德与拉康关于性欲的思想之间的关系是无可估价的。

Moi, T. *Sexual/Textual Politics: Feminist Literary Theory* (1985), London: Methuen.

《性欲/文本的政治:女性主义文学理论》(*Sexual/Textual Politics: Feminist Literary Theory*)。尽管本书距离现在已经有 15 年了,且根据女性主义的新近发展来看是远远落后的,但是对于理解英美与法国女性主义之间的争论,以及精神分析如何符合于那些争论,它仍然不失为一个很好的起点。

Mulvey, L. *Visual and Other Pleasures* (1989), Basingstoke: Macmillan.

《视觉与他者的快感》(*Visual and Other Pleasures*)。莫微影响深远的 1975 年的文章《视觉快感与叙事电影》(Visual Pleasure and Narrative Cinema)即被收录在这部论文集中,该文在电影理论中开启了有关"目光"与性别差异的一场全新的讨论。

Phillips, A. *On Kissing,Tickling and Being Bored* (1993), Cambridge MA: Harvard University Press.

《论亲吻,抓痒与无聊》(*On Kissing,Tickling and Being Bored*)。菲利普斯关于精神分析的短文读来叫人欲罢不能,而且极其具有趣味性。因他本人也是一位执业分析家,所以他的书便致力于把那些复杂难懂的精神分析思想变得通俗易懂并联系于现实生活。

—— *On Flirtation* (1994), London: Faber.

《论调情》(*On Flirtation*)。

—— *Promises, Promises* (2000), London: Faber.

《承诺,承诺》(*Promises, Promises*)。

Rose. J. *Sexuality in the Field of Vision* (1986), London: Verso.

《视觉领域中的性欲》(*Sexuality in the Field of Vision*)。罗斯的这部论文集收录了一些晦涩的文章,但却极好地阐明了拉康对于女性主义和视觉理论而言的重要性,而且还涵盖了对于乔治·艾略特(George Eliot)与《哈姆雷特》的一些有趣的女性主义精神分析解读。

——*The Haunting of Sylvia Plath* (1991), London: Virago.

《西尔维娅·普拉斯的见鬼》。关于精神分析性的解读如何能够在单一作者的情况中产生丰富的文学效果,本书提供了一个绝佳的例证。

—— *Why War? Psychoanalysis, Politics and the Return to Melanie Klein* (1993), Oxford : Blackwell.

《为什么有战争? 精神分析、政治学与回到梅兰妮·克莱因》(*Why War? Psychoanalysis, Politics and the Return to Melanie Klein*)。罗斯的著作(这一本与下面两本)继续探究了精神分析、政治学与文化之间的交会。她的很多新近著作则都专注于犹太复国主义(Zionism)与伊斯兰—巴勒斯坦的冲突。

—— *On Not Being Able to Sleep : Psychoanalysis and the Modern World* (2003), London : Chatto & Windus.

《论失眠:精神分析与现代世界》(*On Not Being Able to Sleep : Psychoanalysis and the Modern World*)。

—— *The Last Resistance* (2007), London : Verso.

《最后的抵抗》(*The Last Resistance*)。

Royle, N. *The Uncanny* (2003), Manchester : Manchester University Press.

《怪怖》(*The Uncanny*)。本书异想天开地把弗洛伊德关于怪怖的惊人作品拉伸到了各种富有趣味性与煽动性的方向上:从莎士比亚到狄更斯,到陀思妥耶夫斯基再到德里达。虽然是厚厚的一大本书,但翻阅起来却很容易。

Sedwick, E. K. *Between Men : English Literature and Male Homosocial Desire* (1985), New York : Columbia University Press.

《男人之间:英国文学与男性的同性社交欲望》(*Between Men :*

English Literature and Male Homosocial Desire）。

——— *The Epistemology of the Closet*（1990），London：Penguin.

《衣橱认识论》（*The Epistemology of the Closet*）。在这本书与前面的那本书里,赛吉维克运用并批判了精神分析有关同性恋的分析来论证同性恋/异性恋的二元对立对于理解西方文化而言的核心重要性。如果你对酷儿理论的思想感兴趣,那么《衣橱认识论》中的题为"公理"（Axiomatic）那一章内容便会叫你大吃一惊。

Showalter, E. *The Female Malady：Women, Madness, and English Culture, 1830-1980*（1985），New York：Penguin.

《女性疾病:女人、疯狂与英国文化,1830—1980》（*The Female Malady：Women, Madness, and English Culture, 1830-1980*）。现在看来,肖瓦尔特关于19世纪的女人与疯癫的这部著作可能有点过时了,不过对于思考弗洛伊德的女性思想从中出现的文化背景而言,此书仍然是一个有益的起点。

Vice, S.（ed.）*Psychoanalytic Criticism：A Reader*（1996），Cambridge：Polity Press.

《精神分析批评读物》（*Psychoanalytic Criticism：A Reader*）。这本有用的论文集把大家普遍感兴趣的精神分析论文与精神分析对于特定文本的解读——诸如弗吉尼亚·伍尔芙（Virginia Woolf）的《达洛维夫人》（*Mrs Dalloway*）与托尼·莫里森（Toni Morrison）的《宠儿》（*Beloved*）等——放在了一起。此书也收录了几篇经典论文的摘要,包括肖珊娜·费尔曼关于亨利·詹姆斯的文章《拧紧解释的螺丝》,以及彼得·布鲁克斯的《弗洛伊德的主要情节》（Freud's Masterplot）。然而,必须意识到这些论文摘录的局限性。

Warner, M.'Homo-narcissism：or, Heterosexuality'in J. Boone and M. Cadden（eds），*Engendering Men：The Question of Male Feminist*

Criticism (1990), London: Routledge.

《同性自恋：或异性恋》（'Homo-narcissism: or, Heterosexuality'），载于《生育的男人：男性的女性主义批评问题》（*Engendering Men: The Question of Male Feminist Criticism*）。华纳的文章不仅批评了弗洛伊德把自恋联系于同性恋，而且还说明了此种有关同性恋的看法如何从下面支撑了现代异性恋观念的基础。

Wright, E. *Psychoanalytic Criticism: Theory in Practice* (1984), London: Methuen.

《精神分析批评：实践中的理论》（*Psychoanalytic Criticism: Theory in Practice*）。赖特的书虽然写得深奥难懂，但是对于追溯继弗洛伊德之后与当下思潮之前的精神分析批评的历史则很有帮助。

Žižek, S. *The Sublime Object of Ideology* (1989), London: Verso.

《意识形态的崇高客体》（*The Sublime Object of Ideology*）。齐泽克是一位才华横溢且带有娱乐性的文化与政治批评家，虽然他的很多著作都凸显了他对马克思、拉康与大众文化的融合，但是这部早期著作却是他最出色的一部。他从犹太笑话一下跳到康德，一下跳到希区柯克，一下又跳到《猫和老鼠》，从而有趣地展示了精神分析如何能够有助于对当代世界的政治与哲学分析。

网络资源

因版权问题，弗洛伊德的作品很少可以在网络上找到全文，不过这里也有其他的一些有用的资源：

www.freud.org.uk

伦敦弗洛伊德博物馆的网站。弗洛伊德博物馆位于汉普斯泰德(Hampstead)的曼斯菲尔德花园(Maresfield Gardens)20号,弗洛伊德在这幢房子里度过了他生命中的最后几年。这幢房子也一直是弗洛伊德最小的女儿安娜(凭其自身的力量也当上了一位重要的分析家)的家,直到她在1982年逝世为止。博物馆的网站会给研究者提供资料,包括弗洛伊德及其家人的照片,其他弗洛伊德资源的链接以及会议和展览的资讯。

http://psychclassics.yorku.ca

心理学史经典。该网站发布了有关心理学史的很多学术著作的电子版全文,其中包括《日常生活的精神病理学》与《释梦》在"标准版"之前的早期译本,以及很多其他的著作。

http://webspace.ship.edu/cgboer/freud.html

该网页提供了一篇弗洛伊德传记,并且对他从早期观念到晚期手稿的理论提供了一篇概述。

www.cyberpsych.org/apf/

美国精神分析基金会。有关精神分析的文章与书籍的阅读书目。

www.freud-museum.at/e/

维也纳弗洛伊德博物馆的网站。

www.freudfile.org/

该网站提供了有关弗洛伊德的生平与著作的资料。

www.loc.gov/exhibits/freud/

关于弗洛伊德的"冲突与文化"(2001)展览的大会文库网站。其中收集的影像非常有趣,包括弗洛伊德本人、他的家人以及他的一些病人的肖像。

http：// nyfreudian.org/abstracts_00.html

纽约弗洛伊德学会。《西格蒙德·弗洛伊德心理学著作标准版摘要》。

www.melanie-klein-trust.org.uk

梅兰妮·克莱因著作的宣传网站。

参考文献

弗洛伊德

关于弗洛伊德著作文本的所有参照皆引自《企鹅弗洛伊德文库》(Penguin Freud Library, PFL)的版本,除非有些文章并未收录于该版,在此种情况下的页码参考便引自《标准版》(Standard Edition, SE)。另请读者参见"进阶阅读书目"的开篇对于这两套出版物的详情介绍。

Freud, S. and Breuer J. (1895) *Studies on Hysteria*, SE 2; PFL 3.

Freud, S. (1896) 'The Aetiology of Hysteria', SE 3: 189-221.

—— (1900) *The Interpretation of Dreams*, SE 4-5; PFL 4.

—— (1901) *The Psychopathology of Everyday Life*, SE 6; PFL 5.

—— (1905a) 'Fragment of an Analysis of a Case of Hysteria (Dora)', SE 7: 1-122; PFL 8: 29-164.

—— (1905b) *Three Essays on the Theory of Sexuality*, SE 7: 123-245;

PFL 7: 32-169.

—— (1905c) *Jokes and their Relation to the Unconscious*, SE 8; PFL 4.

—— (1907a) 'Delusions and Dreams in Jensen's Gradiva', SE 9: 1-95; PFL 14: 27-118.

—— (1907b) 'The Sexual Enlightenment of Children', SE 9: 129-39; PFL 7: 172-81.

—— (1908a) 'Creative Writers and Day-Dreaming', SE 9: 141-53; PFL 14: 129-41.

—— (1908b) 'Civilized Sexual Morality and Modern Nervous Illness', SE 9: 177-204; PFL 12: 27-55.

—— (1908c) 'Character and Anal Erotism', SE 9: 167-75: PFL 7: 205-15.

—— (1909) 'Notes upon a Case of Obsessional Neurosis (Rat Man)', SE 10: 155-249; PFL 9: 33-128.

—— (1910a) *Five Lectures on Psychoanalysis*, SE 11: 13-55.

—— (1910b) 'Leonardo Da Vinci and a Memory of his Childhood', SE 11: 57-137; PFL 14: 145-231.

—— (1911) 'Psychoanalytic Notes on an Autobiographical Account of a Case of Paranoia (Schreber)', SE 12: 1-82; PFL 9: 131-223.

—— (1912-13) *Totem and Taboo*, SE 13: 1-162; PFL 13: 49-235.

—— (1914a) 'The Moses of Michelangelo', SE 13: 209-36; PFL 14: 249-80.

—— (1914b) 'On Narcissism', SE 14: 67-102; PFL 11: 59-97.

—— (1914c) 'Remembering, Repeating and Working Through', SE

12: 147-56.

—— (1914d) 'On the History of the Psychoanalytic Movement', SE 14: 7-66; PFL 15: 59-127.

—— (1915a) 'Thoughts for the Time on War and Death', SE 14: 273-300; PFL 12: 57-89.

—— (1915b) 'Instincts and their Vicissitudes', SE 14: 109-40; PFL 11: 105-43.

—— (1916-17) *Introductory Lectures on Psychoanalysis*, SE 15-16; PFL 1.

—— (1917) 'Mourning and Melancholia', SE 14: 237-58; PFL 11: 245-68.

—— (1918) 'From the History of an Infantile Neurosis (The Wolf Man)', SE 17: 1-122; PFL 9: 227-366.

—— (1919) 'The "Uncanny"', SE 17: 217-52; PFL 14: 339-76.

—— (1920a) 'The Psychogenesis of a Case of Homosexuality in a Woman', SE 18: 145-72; PFL 9: 367-400.

—— (1920b) *Beyond the Pleasure Principle*, SE 18: 7-64; PFL 11: 269-338.

—— (1921) 'Group Psychology and the Analysis of the Ego', SE 18: 65-143; PFL 12: 91-178.

—— (1923) 'The Ego and The Id', SE 19: 1-66; PFL 11: 339-406.

—— (1925a) 'An Autobiographical Study', SE 20: 3-74; PFL 15: 185-260.

—— (1925b) 'Some Psychical Consequences of the Anatomical Distinction Between the Sexes', SE 19: 241-58; PFL 7: 323-43.

—（1927a）'The Future of an Illusion', SE 21: 1-56; PFL 12: 181-241.

—（1927b）'Fetishism', SE 21: 147-57; PFL 12: 181-241.

—（1928）'Dostoevsky and Parricide', SE 21: 173-94; PFL 14: 435-60.

—（1930）*Civilization and its Discontents*, SE 21: 57-145; PFL 12: 243-340.

—（1938）*An Outline of Psychoanalysis*, SE 23: 139-207; PFL 15: 371-444.

—（1939）'Moses and Monotheism', SE 23: 1-137; PFL 13: 237-386.

二手文本

Appiganesi, L. and Forrester, J. (1992) *Freud's Women*, London: Virago.

Appiganesi, R. and Zarate, O. (1999) *Introducing Freud*, Cambridge: Icon Books.

Auden, W.H. (1976) 'In Memory of Sigmund Freud', in E. Mendelson (ed.) Collected Poems, London: Faber & Faber.

Barthes, R. (1995) 'The Death of the Author', in S. Burke (ed.) *Authorship: From Plato to the Postmodern: A Reader*, Edinburgh: Edinburgh University Press: 125-30.

de Beauvoir. S. ([1949] 1972) *The Second Sex*, trans. H. M. Parshley, Harmondsworth: Penguin.

Bergner, G. (2005) *Taboo Subject: Race, Sex and Psychoanalysis*,

Minneapoils MN: University of Minnesota Press.

Berman, J. (1985) *The Talking Cure: Literary Representations of Psychoanalysis*, New York: New York University Press.

Bernheimer, C. and Kahane, C. (eds.) (1985) *In Dora's Case: Freud-Hysteria-Feminism*, London: Virago.

Bland, L. and Doan, L. (eds.) (1998) *Sexology Uncensored: The Documents of Social Science*, Cambridge: Polity Press.

Bloom, H. (1973) *The Anxiety of Influence: A Theory of Poetry*, New York: Oxford University Press.

Bonaparte,M. (1949) *The Life and Works of Edgar Allan Poe*, London: Imago.

Bowie,M. (1991) *Lacan*, London: Harvard University Press.

Brennan, T. (ed.) (1989) *Between Feminism and Psychoanalysis*, London and New York: Routledge.

Brooks, P. (1985) *Reading for the Plot: Design and Intention in Narrative*, New York: Vintage.

—— (1998) 'The Idea of a Psychoanalytic Literary Criticism', in F. Meltzer (ed.) *The Trial (s) of Psychoanalysis*, Chicago: Unversity of Chicago Press, 39-64.

Burgin, V., Donald, J., and Kaplan C. (eds) (1986) *Formations of Fantasy*, London: Routledge.

Butler, J. (1990) *Gender Trouble: Feminism and the Subversion of Identity*, New York: Routledge.

—— (1993) *Bodies that Matter: On the Discursive Limits of ' Sex '*, New York: Routledge.

—— (1997) *The Psychic Life of Power: Theories in Subjection*, Stanford

CA: Stanford University Press.

Crews, F. et al. (1995) *The Memory Wars: Freud's Legacy in Dispute*, New York: New York Review of Books.

Davidson, A. I. (1988) 'How to Do the History of Psychoanalysis: a Reading of Freud's *Three Essays on the Theory of Sexuality*', in F. Meltzer (ed.) *The Trial(s) of Psychoanalysis*, Chicago: Unversity of Chicago Press, 39-64.

Derrida, J. (1978) 'Freud and the Scene of Writing,' in *Writing and Difference*, trans. A. Bass, London: Routledge: 196-230.

—— (1987) *The Postcard: From Socrates to Freud and Beyond*, trans. A. Bass, Chicago: University of Chicago Press.

Doane, M. (1991) *Femmes Fatales: Feminism, Film Theory, Psychoanalysis*, London: Routledge.

Dufresne, T. (ed.) (2004) *Killing Freud: Twentieth Century Culture and the Death of Psychoanalysis*, London: Continuum.

Edward, J. (2008) *Eve Kosofsky Sedgwick*, London: Routledge.

Ellmann, M. (ed.) (1994) *Psychoanalytic Literary Criticism*, London: Longman.

Falkland, G. (2000) *Freud's Literary Culture*, Cambridge: Cambridge University Press.

Fanon, F. (1986) *Black Skin, White Masks*, London: Pluto.

Feldstein, R. and Sussman, H. (eds.) (1990) *Psychoanalysis and...*, London: Routledge.

Felman, S. (1977a) 'To Open the Question', *Yale French Studies*, 55/56: 5-10.

—— (1977b) 'Turning the Screw of Interpretation', *Yale French Studies*, 55/56: 94-207.

Fish, S. (1988) 'Withholding the Missing Portion: Psychoanalysis and Rhetoric', in F. Meltzer (ed.) *The Trial (s) of Psychoanalysis*, Chicago: University of Chicago Press: 183-210.

Forrester, J. (1990) *The Seductions of Psychoanalysis*: *Freud, Lacan, and Derrida*, Cambridge: Cambridge University Press.

—— (1997) *Dispatches from the Freud War*: *Psychoanalysis and its Passions*, Cambridge MA: Harvard University Press.

Foucault, M. (1990) *The History of Sexuality*, Vol. I, trans. R. Hurley, London: Penguim.

Frazer. J. (1993) *The Golden Bough*, Ware: Wordsworth Editions.

Gallop, J. (1982) *The Daughter' s Seduction*: *Feminism and Psychoanalysis*, Ithaca: Cornell University Press.

Gay, P. (1989) *Freud*: *A Life for our Time*, London: Macmillan.

Greendharry, M. (2008) *Postcolonial Theory and Psychoanalysis*: *From Uneasy Engagement to Effective Critique*, London: Palgrave.

Grosz, E. (1990) *Jacques Lacan*: *A Feminist Introduction*, London: Routledge.

Gunn, D. (1988) *Psychoanalysis and Fiction*, Cambridge: Cambridge University Press.

Hall, S. (1996) 'The After-life of Frantz Fanon: Why Fanon? Why Now? Why *Black Skin, White Masks*', in A. Read (ed.) *The Fact of Blackness*: *Frantz Fanon and Visual Repression*, Seattle WA: Bay Press.

Heath, S. (1986) 'Joan Riviere and the Masquerade', in V. Burgin, J. Donald and C. Kaplan (eds) *Formations of Fantasy*, London:

Routledge, 45-61.

Hoffmann, E.T.A. (1982) *Tales of Hoffmann*, trans. R. J. Hollingdale, London: Penguin.

Jacobus, M. (1996) *First Things: The Maternal Imaginary in Literature, Art and Psychoanalysis*, London and New York: Routledge.

—— (2005) *The Peotics of Psychoanalysis: In the Wake of Klein*, Oxford: Oxford University Press.

Jones, E. (1953-7) *Sigmund Freud: Life and Works*, vols. I-III, London: The Hogarth Press.

Katz, J. N. (1997) ' "Homosexual" and "Heterosexual": Questioning the Terms ', in M. Duberman (ed.) *A Queer World: The Center for Lesbian and Gay Studies Reader*, New York: New York University Press.

Klein, M. (1985) *The Selected Melanie Klein*, ed. Juliet Mitchell, London: Penguin Books.

Kristeva, J. (1980) *Desire in Language: A Semiotic Approach to Literature and Art*, trans T. Gorz, A. Jardine and L. Roudiez, Oxford: Blackwell.

—— (1982) *Powers of Horror: An Essay on Abjection*, trans. L. Roudiez, New York: Columbia University Press.

—— (1989) *Black Sun: Depression and Melancholia*, trans. L. Roudiez, New York: Columbia University Press.

Lacan, J. (1977) *Ecrits: A Selection*, trans. A. Sheridan, New York: Norton.

—— (1988) *The Seminar of Jacques Lacan*, Book II: *The Ego in Freud's Theory and in the Technique of Psychoanalysis* 1954-1955, trans. S. Tomaselli, ed. J.-A. Miller, Cambridge: Cambridge University Press.

Laplanche, J. and Pontalis, J.-B. (1973) *The Language of Psychoanalysis*, trans. D. Nicholson-Smith, New York: Norton.

—— (1986) 'Fantasy and the Origins of Sexuality' in V. Burgin, J. Donald and C. Kaplan (eds) (1986) *Formations of Fantasy*, London: Routledge.

Lebeau, V. (2001) *Psychoanalysis and Cinema: The Play of Shadows*, London: Wallflower Press.

Lesser, R. C. and Schoenberg, E. (eds) (1999) *That Obscure Object of Desire: Freud's Female Homosexual Revisited*, New York: Routledge.

Mahony, P. J. (1987) *Freud as a Writer*, New Haven: Yale University Press.

Marcus, Laura. (ed.) (1999) *Sigmund Freud's The Interpretation of Dreams: New Interdisciplinary Essays*, Manchester: Manchester University Press.

Masson, J. (1984) *The Assault on Truth: Freud's Suppression of the Seduction Theory*, New York: Farrar, Strauss & Giroux.

—— (ed.) (1985) *The Complete Letters of Sigmund Freud to Wilhelm Fliess: 1887-1904*, Cambridge MA: Harvard University Press.

Meisel, P. (2002) *The Literay Freud*, London: Routledge.

Meltzer, F. (ed.) (1988) *The Trial(s) of Psychoanalysis*, Chicago: University of Chicago Press.

Mitchell, J. (1974) *Psychoanalysis and Feminism: Freud, Reich, Lang and Women*, New York: Pantheon.

Mitchell, J. and Rose, J. (eds.) (1985) *Feminine Sexuality: Jacques Lacan and the école freudienne*, New York: Norton.

Moi, T. (1985) *Sexual/Textual Politics: Feminist Literary Theory*,

London: Methuen.

Mulvey,L. (1989) *Visual and Other Pleasures*,Basingstoke: Macmillan.

Neu,J. (ed.) (1991) *The Cambridge Companion to Freud*,Cambridge: Cambridge University Press.

Penley,C.(ed.) (1988) *Feminism and Film Theory*,London:Routledge.

Phillips. A. (1993) *On Kissing, Tickling and Being Bored*, Cambridge, MA: Harvard University Press.
—— (1994) *On Flirtation*, London: Faber.
—— (2000) *Promises, Promises*, London: Faber.

Rank, O. (1971) *The Double: A Psychoanalytic Study*, Chapel Hill, NC: University of North Carolina Press.

Rieff, P. (1959) *Freud:The Mind of the Moralist*, Chicago: University of Chicago Press.

Riviere, J. (1986) ' Womanliness as Masquerade ', in V. Burgin, J. Donald and C. Kaplan (eds) *Formations of Fantasy*, London: Routledge.

Rose, J. (1986) *Sexuality in the Field of Vision*, London:Verso.
—— (1991) *The Haunting of Sylvia Plath*, London:Virago.
—— (1993) *Why War? Psychoanalysis, Politics and the Return to Melanie Klein*, Oxford: Blackwell.
—— (2003) *On Not Being Able to Sleep: Psychoanalysis and the Modern World*, London: Chatto & Windus.
—— (2007) *The Last Resistance*, London: Verso.

Royle,N.(2003) *The Uncanny*,Manchester: Manchester University Press.

Salih, S. (2002) *Judith Butler*, London: Routledge.

Sedgwick, E. K. (1985) *Between Men: English Literature and Male Homosocial Desire*, New York: Columbia University Press.

—— (1990) *The Epistemology of The Closet*, London: Penguin.

Showalter, E. (1985) *The Female Malady*: *Women, Madness, and English Culture, 1830-1980*, New York: Penguin.

Smith-Rosenberg, C. (1985) ' The Hysterical Woman ', in *Disorderly Conduct*: *Visions of Gender in Victorian America*, New York: Knopf, 1985.

Storr,A. (1989) *Freud*, Oxford: Oxford University Press.

Surprenant,C.(2008) *Freud*:*A Guide for the Perplexed*,London:Continuum.

Vice,S. (ed.) (1996) *Psychoanalytic Criticism*:*A Reader*,Cambridge: Polity Press.

Walton, J. (2001) *Fair Sex, Savage Dreams*: *Race, Psychoanalysis, Sexual Difference*, Durham NC: Duck University Press.

Warner, M. (1990) ' Homo-narcissism: or, Heterosexuality ', in J. Boone and M. Cadden (eds) *Engendering Men*: *The Question of Male Feminist Criticism*, London: Routledge.

Weeks, J. (1980) *Sexuality and its Discontents*: *Meanings, Myths and Modern Sexualities*, London: Longman.

Wollheim, R. (1971) *Freud*, Glasgow: Fontana.

—— (1991) ' Freud and the Understanding of Art ', in *The Cambridge Companion to Freud*, Cambridge: Cambridge University Press.

Wordsworth,W. (1970) *The Prelude*, ed. E. de Selincourt, Oxford: Oxford University Press.

Wright, E. (1984) *Psychoanalytic Criticism*: *Theory in Practice*, London: Methuen.

Žižek, S. *The Sublime Object of Ideology* (1989), London: Verso.

索 引

粗体字页码表示有关该主题的突出加框章节(注:页码索引均以英文原版为参照)。

西格蒙德·弗洛伊德思想源流简图

李新雨　绘

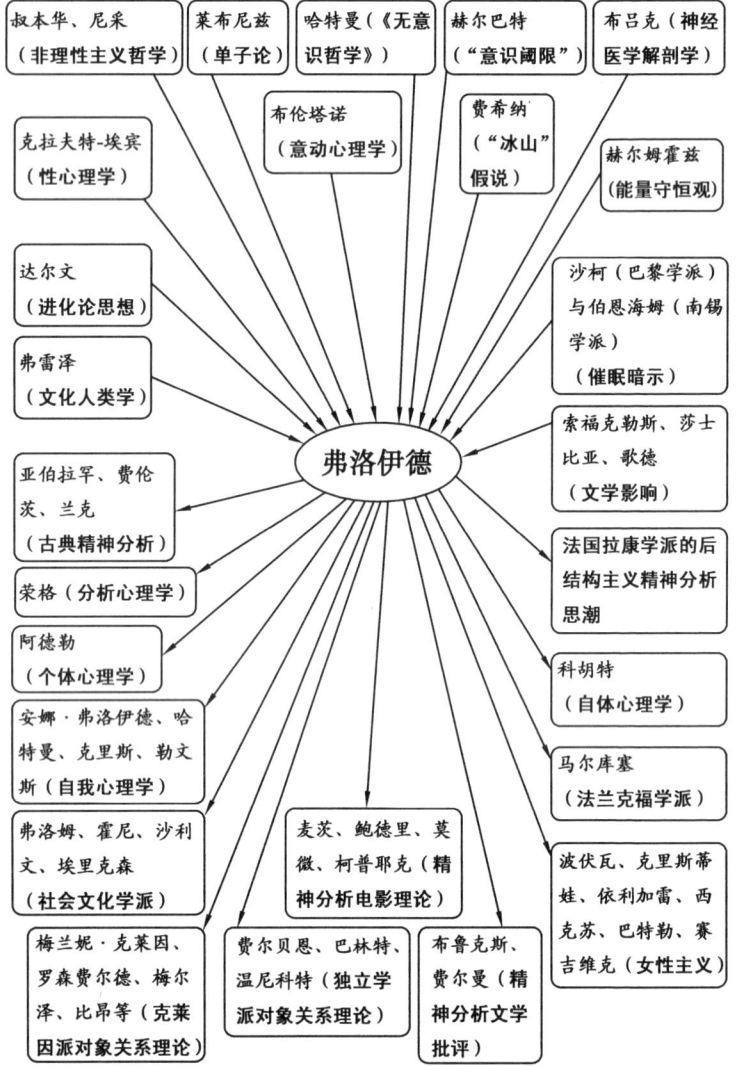

译后记

    每每谈及弗洛伊德,似乎总是不免会使人泛起一系列僵直刻板的联想,诸如他的"冰山假说"和"泛性论"的心性发展与症状解释学,以及"弑父恋母"的俄狄浦斯情结等,仿佛他的思想皆是无需赘言即已自明的,是惹人嫌恶的,甚至是业已过时而需遭淘汰的。然而,每每阅读弗洛伊德,却又总是不免会耽美于其案例报告的扣人心弦,叹服于其学术论证的逻辑严密,乃至沉醉于他那有如侦探般的深刻非凡的洞察力。正如本书作者所指出的,纵然是你对弗洛伊德的"既定"结论早已了然于胸,阅读他的过程也总是会在不同的方向上为你开启一些"全新"理解的可能! 也正因如此,弗洛伊德的思想才可谓是具有划时代的意义,在短短一百年间即已渗透于社会文化乃至私人生活领域的方方面面,甚至变成了我们这个时代挥之不去的"幽灵",以至于当代学术界的无数思想家都抵不住诱惑想要从弗洛伊德的著作中掘取点儿灵感。

    作为一部带有导读性质的通俗读本,此书的目的无非有三:其一是旨在以清晰的笔触给读者呈现出弗洛伊德概念的思想内涵,其二是旨在以丰富的参考文献使读者领略到精神分析理论的文化外延,其三(也是最重要的一点)则是旨在以欲望的先导把读者带回到对于弗洛伊德原典的阅读与重读中去。前两点所涉及的理论问题,限于篇幅,故此不再作赘述,有待于读者自行考究。至于第三点的"回到弗洛伊德"之议题,牵涉到弗洛伊德文本的翻译问题,作为译者,且作为一个常年浸染于精神分析的文献之中的读者,在此不禁想要特书几句。

首先,要说弗洛伊德著作的版权早在1989年便已届期开放,从而为翻译出版的事业大开了方便之门,然仅从中文的译介来看,尽管近两年也有个别反潮之作,但我国本土的弗洛伊德研究在总体上却仍旧呈现出"重理论而轻应用"之势,加之多年来"后弗洛伊德主义"的各家学派(自我派、克莱因派、对象关系派、整合派、依恋派、自体派、主体间派、拉康派……)在国内精神分析领地的一连串后殖民式的狂袭乱炸,更是致使弗洛伊德式的"经典精神分析"越发沦陷为自家的"失地"和废弃的"遗址"而无人问津。

其次,我国弗洛伊德文集的翻译又大多都依托于詹姆斯·斯特雷奇(James Strachey)汇编的24卷英文《标准版》,而鲜少从弗洛伊德的德文原典直接入手。且不论译本的质量参差、术语混乱以及对其文意理解的谬误重重,单是略过原始文本而选择从二手译本来着手翻译这一项就犯了学术大忌。再者,一套英文译作的权威性何以会超过弗洛伊德的德语原文?熟悉他的读者或许知道,弗洛伊德当年曾是歌德文学奖的得主,乃当之无愧的文体大家,他的文风亦是兼具科学之严谨与散文之优美,且处处透露着古典主义和浪漫主义的情怀。据国外的评论家指出,就阅读的体验和感受而言,用德语阅读弗洛伊德的原著与用英语阅读弗洛伊德的译本可谓大相径庭。话说弗洛伊德在用德语写作之时,往往运用的都是平实易懂且意义多重的贴近日常生活经验的语言,其中充满着各式各样的隐喻和反讽的修辞。他假定读者愿意参与其中，能够欣赏那些未经调和的意义，领略文中的言外之意，而从不以任何设限的方式去描述一个未定的概念。读者因而能够在"悦读"文本之时展开丰富的自由联想，从而与自身的经验形成某种对照，甚至是达成某种"共鸣"。换句话说，弗洛伊德的作品本身是向着解释"开放"的，而且他的"多重方法学"也允许了不同视角下的阅读。

相形之下，斯特雷奇的《标准版》就远不如弗洛伊德本身对于无意识生活的描绘来得多姿多彩，他的翻译皆着力于把原文中的"歧义"变得"清晰"，把"多元"化作"单一"，譬如把弗洛伊德文辞生动的"现在时"改成刻板生硬的"过去时"，且其中充斥着"专门化"与"技术化"的语言。如此导致弗洛伊德读来变得诘屈聱牙、枯燥乏味不说，更是封闭了其文本自身所固有的意义的"开放性"，这就好比说斯特雷奇是唯一正确的弗洛伊德解读，其中的霸权意识形态也就昭然若揭了。

在此，我们仅举几例作为说明，比如弗洛伊德用于描述精神能量活动的"Besetzung"，斯特雷奇将其译作拉丁文化的"cathexis"（中文照此译作"贯注"），因为这是一个外来的专有名词，所以后者不会使一般的英文读者产生任何联想，而弗洛伊德的原词却是一个极为普通的日常语汇，有着强烈的军事意涵（亦即"攻占"或"占领"），从而容易令人联想到弗洛伊德最喜欢的隐喻之一便是军队的行进和撤退。再如，斯特雷奇为了顺应当时心理学研究中的生物学取向，令人匪夷所思地把弗洛伊德带有神话色彩的"冲动"（Trieb）概念统统译作"本能"（Instinkt），从而导致了英语世界对于"死亡本能"概念的长期拒绝。诸如此类的例子不胜枚举。更有甚者，国外也有学者指出，我们熟知的"结构理论"——"它我"、"自我"与"超我"——就其机械化和概要化而言，完全就是出自斯特雷奇的"伪托",它更像斯特雷奇的发明,而非弗洛伊德的创造。倘若当真如此,其结果的影响必定是难以估量的,因为后世的分析家均被教导将结构理论视作弗洛伊德理论模型建构的重大成就,后来的诸多理论也都是在此基础上建立的,特别是注重防御冲突的自我心理学派;另一方面,结构理论的反对者也曾指出其与人类实际发展及临床经验相距甚远,以至于产生了一些激进的修改,例如费尔贝恩(Fairbairn)强调对象关系的首要性,以及科胡特(Kohut)强调自体经验的重要性,但是如果说弗洛伊德从未停止过描述"自体"(self)的经验,而完全没有以抽象概念的"自我"(ego)来取代更加贴近经验层面的"自体",自我心理学家和对象关系论者还会如此激进地背离弗洛伊德吗?总之,套用斯特雷奇自己的话说,他的目标是旨在把弗洛伊德作为一位19世纪科学家的思想,呈现为为了同是科学领域的人而写作的。或许,我们可以公允地说,斯特雷奇的贡献仅仅在于他提供了一种严格教条化"版本"的弗洛伊德,而非一个"原本"的弗洛伊德,针对他的主要批评也在于他把弗洛伊德置入了"自然科学"的范畴,而使其远离了他真正所属的"人文科学"。

　　行文至此,无非是想呼吁我国精神分析研究的同道们在理论与技术日新月异的今天,能够在博采众长的同时也不忘回眸顾及一下那位早在灯火阑珊处翘首等待着我们阅读与重读的弗洛伊德。不得不说,翻译弗洛伊德是一项浩大的工程,在此仍需感谢无数前辈所付出的辛勤和努力。弗洛伊德曾把"统治"、"教育"与"分析"列作三种不可能的事业,或许我们也可以恰当地为这份名单再增添一项:"翻译"之为不可能的事业,如此也就应了弗洛伊德惯常引述的那句箴言式的意大利谚语:"翻译者即背叛者"(traduttore-traditore)!

　　以上陋见，如有失偏颇，望以海涵。

　　最后，我想要特别感谢现时远在巴黎求学的潘恒兄弟为此书另作序，也特别感谢重庆大学出版社的编辑邹荣先生在本书翻译过程中给予我的充分信任与宽容。至于译作中难免留存的疏漏与错误之处，于此也恳请诸位读者与方家朋友不吝指正！

　　是以为记。

李新雨

二〇一五年秋

图书在版编目(CIP)数据

导读弗洛伊德:第2版/(英)瑟齐韦尔
(Thurschwell,P.)著;李新雨译.—重庆:重庆大学
出版社,2015.10(2023.6重印)
(思想家和思想导读丛书)
书名原文:Sigmund Freud 2e
ISBN 978-7-5624-9510-9

Ⅰ.①导… Ⅱ.①瑟…②李… Ⅲ.①弗洛伊德,S.
(1856~1939)—精神分析—思想评论 Ⅳ.①B84-065

中国版本图书馆 CIP 数据核字(2015)第242053号

导读弗洛伊德
(原书第2版)

帕梅拉·瑟齐韦尔 著

李新雨 译

责任编辑:邹 荣 版式设计:邹 荣
责任校对:关德强 责任印制:张 策
*
重庆大学出版社出版发行
出版人:饶帮华
社址:重庆市沙坪坝区大学城西路21号
邮编:401331
电话:(023)88617190 88617185(中小学)
传真:(023)88617186 88617166
网址:http://www.cqup.com.cn
邮箱:fxk@cqup.com.cn(营销中心)
全国新华书店经销
重庆市正前方彩色印刷有限公司印刷
*
开本:890mm×1168mm 1/32 印张:8.375 字数:195千 插页:32开2页
2015年10月第1版 2023年6月第5次印刷
ISBN 978-7-5624-9510-9 定价:35.00元

封面设计:史英男　刘　骥

荒島書店